W0095643

Peter May

# DIE INHABERSTRATEGIE

## im Familienunternehmen

*Eine Anleitung*

MURMANN
MURMANN PUBLISHERS

Dieses Buch wurde klimaneutral produziert:

Bibliografische Information der Deutschen Nationalbibliothek
Die Deutsche Nationalbibliothek verzeichnet diese Publikation in
der deutschen Nationalbibliografie; detaillierte bibliografische
Daten sind im Internet über http://dnb.d-nb.de abrufbar.

Druck und Bindung: CPI books GmbH
Printed in Germany

ISBN 978-3-86774-563-5

Besuchen Sie uns im Internet: www.murmann-publishers.de
Ihre Meinung zu diesem Buch interessiert uns!
Zuschriften bitte an info@murmann-publishers.de
Den Newsletter des Murmann Verlages können Sie anfordern unter
newsletter@murmann-publishers.de

# Inhalt

Vorwort _____ 5

TEIL 1 WARUM FAMILIENUNTERNEHMEN EINE
INHABERSTRATEGIE BRAUCHEN _____ 7

Was ist ein Familienunternehmen? _____ 12

Was ist eine Inhaberstrategie? _____ 19

TEIL 2 EINE SORGFÄLTIGE ANALYSE ALS
AUSGANGSPUNKT _____ 23

Die Family Business SWOT-Analyse _____ 26

Die 3-Dimensionen-Analyse _____ 29

Die 2-Kreis-Analyse _____ 50

Die 3-Kreis-Analyse _____ 53

Der finale Schritt: Die Erstellung einer
»Themen-Landkarte« _____ 55

TEIL 3 DIE INHALTE EINER INHABERSTRATEGIE _____ 57

Leitgedanken für die inhaltliche Ausgestaltung _____ 60

Mitgliedschaft _____ 63

Selbstverständnis _____ 68

Inhaberstrategische Ausrichtung _____ 79

Strukturen und Regeln für das Unternehmen _____ 83

Strukturen und Regeln für die Familie _____ 100

Rollen und Rolleninhaber _____ 120

TEIL 4  HINWEISE ZUR ERARBEITUNG UND UMSETZUNG
         DER INHABERSTRATEGIE _____ 123

         Hinweise für den Strategieprozess _____ 125

         »Es gibt nichts Gutes, außer man tut es« _____ 134

ANHANG _____ 139

         Danksagung _____ 140

         Anmerkungen _____ 141

         Register _____ 142

## Vorwort

Seit beinahe sechs Jahrzehnten lebe ich nun schon in und mit Familienunternehmen. Sie sind meine Leidenschaft und sie faszinieren mich. Nicht zuletzt deshalb, weil die Maximen der herkömmlichen BWL im Spannungsfeld zwischen innerfamiliären und unternehmensspezifischen Erfordernissen oft genug an ihre Grenzen stoßen. Wer ein Familienunternehmen erfolgreich führen will, muss wissen, dass hierfür andere Regeln gelten als für Publikumsgesellschaften oder Unternehmen im Besitz der öffentlichen Hand.

Das betrifft nicht zuletzt den zentralen Bereich der Strategie. Mit Unternehmensstrategien allein ist es in Familienunternehmen nicht getan. Auch die Inhaber benötigen eine Strategie, welche die besonderen Aspekte der Konstellation Inhaberfamilie – Familienunternehmen aufgreift und aufeinander abstimmt. Die theoretischen Grundlagen der Inhaberstrategie habe ich in meinem 2012 erschienenen Basiswerk *Erfolgsmodell Familienunternehmen* beschrieben. Teile davon habe ich in das nun vorliegende Buch übernommen, doch gehe ich jetzt noch einen Schritt weiter. Ich gebe Einblicke in meine praktische Arbeit und erkläre zum ersten Mal vollständig und zusammenhängend, wie eine solche Inhaberstrategie erarbeitet werden kann. Mein neues Buch ist eine konzentrierte und funktionsfähige Anleitung, mit der Inhaberfamilien und Familienunternehmen die für sie maßgeschneiderte Inhaberstrategie entwickeln können. Der Schritt von der Theorie zur Praxis.

Ein Familienunternehmen zu führen, ist eine besondere Verantwortung für die Mitarbeiter, für das Unternehmen, für die Gesellschaft, nicht zuletzt aber natürlich auch für die Inhaberfamilie selbst. Wenn es erfolgreich gelingt, ist es von großem Wert und in hohem Maße beglückend.

Ich hoffe, dass mein Buch hierzu beitragen kann und wünsche Ihnen, liebe Leser, viel Erfolg und Freude damit.

Peter May

# TEIL 1

## WARUM FAMILIENUNTERNEHMEN EINE INHABERSTRATEGIE BRAUCHEN

Familienunternehmen sind etwas Besonderes. Sie sind wahrscheinlich die älteste Organisationsform menschlichen Wirtschaftens. Schon die Bauern und Handwerker der Frühzeit arbeiteten mit und für ihre Familien. Und viele Unternehmer in den kapitalistischen Gesellschaften des 21. Jahrhunderts tun dies auch heute noch. Unternehmerisch tätige Familien wie die Fugger, Medici oder Rothschilds, die Rockefellers oder Fords, die Krupps, Porsches oder Tatas haben Wirtschaftsgeschichte geschrieben. Zwar sind Familienunternehmen inzwischen nicht mehr die einzige Form organisierten Wirtschaftens, doch noch immer bilden sie das ökonomische Rückgrat unserer Gesellschaft. Keine andere Form trägt so viel zum Sozialprodukt bei, beschäftigt so viele Menschen und zahlt so viele Steuern wie die Familienunternehmen. Und keine andere Form ist so tief in der Gesellschaft verankert. Der für Deutschlands Familienunternehmen typische Dreiklang aus ökonomischer Erfolgsorientierung, sozialer Verantwortung und regionaler Verwurzelung verleiht dem Familienkapitalismus ein menschliches Antlitz und macht ihn sympathisch.

Dazu sind Familienunternehmen anpassungsfähig. Altertum oder Mittelalter, Renaissance oder industrielle Revolution, das Gesicht der Familienunternehmen hat sich häufig gewandelt. Die Sorge, der Typus Familienunternehmen könne vom Aussterben bedroht sein, wurde zwar oft geäußert, bewahrheitet hat sie sich bis heute nicht. Auf den Handwerker folgte die Manufaktur und auf diese der industrielle Fabrikant. Ändert sich der Charakter unseres Wirtschaftens, verändert sich auch der vorherrschende Typus unserer Familienunternehmen. Und ändert sich der Charakter der Familie, verändern sich auch unsere Unternehmerfamilien. So war es bis heute und so wird es wahrscheinlich auch morgen sein. Das Ergebnis ist eine faszinierend bunte Landschaft aus Landwirten, Handwerkern, Dienstleistern, Händlern, Industriellen und wahrscheinlich bald auch digitalen Familienunternehmen – und aus unterschiedlichen Unternehmerfamilien: kleinen wie großen, alten wie jungen, traditionellen und bunten, geschlossenen und offenen Systemen.

Gewiss, nicht alle Familienunternehmen überleben. Das Buddenbrook-Syndrom, die Geschichte vom Aufstieg und Fall einer Unternehmerfamilie, ist ein weltweit bekanntes Phänomen. Aber Aufstieg und Fall sind keine Besonderheit von Familienunternehmen. Alle von Menschen geschaffenen Systeme sind endlich wie der Mensch selbst. Unternehmen entstehen, wachsen, reifen und vergehen ebenso wie Religionen, Staaten oder politische Parteien. Das gilt für Familienunternehmen nicht anders als für Publikumsgesellschaften oder Unternehmen im Besitz der öffentlichen Hand. Die durchschnittliche Lebensdauer von Unternehmen in Familienbesitz wird auf drei Generationen veranschlagt und ist damit sogar eher länger als die von Publikumsgesellschaften. Zudem kann sie verlängert werden. Die ältesten Familienunternehmen sind mehrere Hundert Jahre alt und die Zahl derjenigen, die sich seit sieben, acht oder noch mehr Generationen im Familienbesitz befinden, ist keineswegs gering.

Aber nicht alle Familienunternehmen werden gleich alt. Und auch nicht gleich groß. Die meisten sind klein und mittelständisch. Manche schaffen nicht mehr, andere wollen es nicht. Vielen genügt ein Unternehmenszuschnitt, der die Familie ernährt. Doch nicht alle denken so. Die bereits erwähnten Fugger, Medici & Co. haben große Imperien errichtet. Zwar hat das

Aufkommen großer Kapitalsammelstellen seit der industriellen Revolution die Unternehmenslandschaft im Bereich der Großunternehmen verändert. Aber noch immer befinden sich 30 bis 50 Prozent der größten Unternehmen in den kapitalistischen Volkswirtschaften des Westens unter familiärer Kontrolle. In aufstrebenden Volkswirtschaften liegt der Prozentsatz häufig noch höher. Familienunternehmen gibt es in jeder Größe – von ganz klein bis ganz groß. Allerdings weist Deutschland bei der Unternehmensgröße seiner Familienunternehmen eine Besonderheit auf. Während Familienunternehmen in anderen Ländern oft an der Spitze und am unteren Ende der Größenpyramide zu finden sind, gibt es in Deutschland einen starken, überwiegend industriellen Mittelstand, um den uns viele beneiden.

Unterschiedliche Größe hat oft auch mit unterschiedlichem Erfolg zu tun. Denn nicht alle Familienunternehmen sind gleich erfolgreich. Einige stecken sich höhere Ziele als andere und nicht alle erreichen die selbstgesteckten Ziele. Manche Familienunternehmen sind extrem profitabel, andere weniger. Aber es ist ganz sicher falsch, Familienunternehmen generell als »zweitklassig« oder »mittelmäßig« zu diffamieren. Das legendäre Verdikt des amerikanischen Managementdenkers Alfred Chandler, Familienunternehmen seien nur eine »unvollkommene Vorstufe auf dem Weg zur managergeführten Publikumsgesellschaft«[1], ist längst widerlegt. Der Erfolg eines Unternehmens hängt nicht von seiner Gruppenzugehörigkeit ab, sondern von einer Vielzahl externer und interner Faktoren. Familienunternehmen sind nicht per se weniger erfolgreich als Publikumsgesellschaften. Es gibt erfolgreiche und weniger erfolgreiche Familienunternehmen ebenso, wie es erfolgreiche und weniger erfolgreiche

Publikumsgesellschaften gibt. Zu guter Letzt sei die Frage erlaubt: Was ist eigentlich Erfolg? Ist er nur eine Steigerung des Shareholder- oder auch des Stakeholder-Values? Kurzfristige Gewinnmaximierung und Wertsteigerung oder langfristige Überlebenssicherung und Generationenkontinuität? Und spielen überhaupt nur ökonomische Aspekte oder auch andere, zum Beispiel emotionale Gesichtspunkte, eine Rolle?

Die Landschaft der Familienunternehmen ist bunt und vielfältig. Es gibt sie groß und klein, alt und jung, mit vielen und mit wenigen Inhabern, offen und geschlossen, in schwierigen und in einfachen Märkten, international und regional, erfolgreich und weniger erfolgreich, einig und zerstritten und in vielen anderen Facetten. Aber eines verbindet sie alle: die auf Generationen angelegte dominante Inhaberschaft einer Familie über ein Unternehmen.

## WAS IST EIN FAMILIENUNTERNEHMEN?

Familienunternehmen unterscheiden sich von anderen Organisationsformen unternehmerischen Wirtschaftens per definitionem nicht durch Faktoren wie Größe, Alter, Erfolg oder die Frage, wer das Unternehmen führt. Entscheidend ist die Struktur der Inhaberschaft. Und die ist in einem Familienunternehmen durch drei Faktoren bestimmt.

1.  Es handelt sich um eine dominante Inhaberschaft. Es gibt eine Person oder Gruppe, die aufgrund rechtlicher oder tat-

sächlicher Stimmenmehrheit oder gesellschaftsrechtlicher Konstruktion in der Lage ist, die wesentlichen Entscheidungen des Unternehmens in ihrem Sinne zu bestimmen.

2. Der dominante Inhaber ist kein Investor, sondern eine Familie. Zum gemeinsamen Interesse am Erfolg des Unternehmens tritt die verwandtschaftliche Verbundenheit der Investoren als zusätzliches bestimmendes Element.

3. Die dominante Inhaberschaft der Familie ist auf Dauer angelegt. Sie soll für mindestens eine Generation bestehen bleiben.

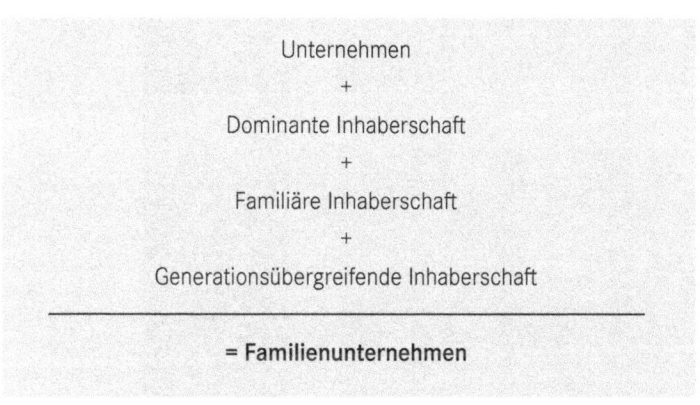

Unternehmen

+

Dominante Inhaberschaft

+

Familiäre Inhaberschaft

+

Generationsübergreifende Inhaberschaft

= **Familienunternehmen**

Was ist ein Familienunternehmen?

Mit seinen drei begriffsprägenden Merkmalen dominante Inhaberschaft, familiäre Inhaberschaft und generationsübergreifende Inhaberschaft unterscheidet sich das Familienunternehmen von allen anderen Unternehmenstypen. Ihm geradezu entgegensetzt ist die Publikumsgesellschaft mit ihrer fragmentierten Inhaberstruktur aus kurzfristig orientierten Investoren. Aber auch zu den anderen unternehmerischen Organisations-

| Unternehmens-typus | Familien-unternehmen | Inhaber-unternehmen | Unternehmen im Besitz der öffentlichen Hand | Unternehmen im Besitz von Finanz-investoren | Publikums-gesellschaften | Genossen-schaft |
|---|---|---|---|---|---|---|
| Struktur der Inhaberschaft | dominant | dominant | dominant | dominant | fragmentiert | fragmentiert |
| Typus des Inhabers | Familie | Einzelperson oder Gruppe | öffentliche Hand | Investor | Investor | Genossen |
| zeitliche Perspektive | generations-übergreifend (langfristig) | nicht generations-übergreifend (in der Regel mittelfristig) | langfristig | in der Regel mittelfristig | kurz- bis mittelfristig | langfristig, zum Teil generations-übergreifend |

Unterschiede in der Inhaberschaft zwischen Familienunternehmen und anderen Unternehmenstypen formen bestehen gravierende Unterschiede. So haben Unternehmen im Besitz von Finanzinvestoren oder im Besitz der öffentlichen Hand zwar auch einen dominanten Inhaber, dessen Typus und zeitliche Investitionsperspektiven sind jedoch völlig unterschiedlich.

Es ist wichtig, diese Unterschiede zu kennen und zu verstehen. Denn sie haben Konsequenzen. Als Folge der Unterschiede in der Inhaberschaft haben die Unternehmen unterschiedliche Aufträge zu erfüllen, sie verfolgen unterschiedliche Ziele und haben andere Werte. Familienunternehmen müssen die Bedürfnisse einer generationsübergreifend denkenden Familie befriedigen, Publikumsgesellschaften diejenigen kurz- oder mittelfristig orientierter Investoren. Und in Unternehmen im Besitz der öffentlichen Hand geht es darum, neben dem ökonomischen Interesse des Unternehmens die politischen Interessen des dominanten Inhabers im Auge zu behalten.

Weil unterschiedliche Aufträge, Ziele und Werte immer auch zu unterschiedlichen Strategien und Strukturen führen müssen, braucht jeder Unternehmenstypus ganz spezifische, auf seinen Auftrag und sein Ziel- und Wertesystem zugeschnittene Strategien und Strukturen. Eine am Leitbild der Publikumsgesellschaft orientierte Betriebswirtschaftslehre ist für die Familienunternehmen nur begrenzt von Nutzen. Sie brauchen ihre eigene BWL – eine, die ihrer besonderen Inhaberschaft Rechnung trägt.

Es ist wie im richtigen Leben – alles hat Vor- und Nachteile, jeder »Nutzen« seinen »Preis«. So auch die besondere Inhaberschaft im Familienunternehmen. Mit jedem ihrer drei begriffsbestimmenden Merkmale sind Chancen ebenso verbunden wie Risiken.

*Dominante Inhaberschaft* verkürzt die Distanz zwischen Inhabern und Management und macht klar, wer am Ende das Sagen hat. Entsprechend kann in Unternehmen mit einem dominanten Inhaber schneller entschieden werden und es ist eher gewährleistet, dass die Manager verantwortungsbewusst mit dem Geld der Inhaber umgehen. Aber wer hindert den dominanten Inhaber daran, seine Macht zu missbrauchen und Entscheidungen durchzusetzen, die dem Unternehmen schaden?

Auch der *familiäre Charakter* der dominanten Inhaberschaft ist ein zweischneidiges Schwert. Familien können einem Unternehmen viel geben: Know-how, Erfahrungen, Enthusiasmus sowie ein Bonus beim Aufbau von Vertrauenskapital wären beispielhaft zu nennen. Und Loyalität. Familien stehen auch in schlechten Zeiten zusammen. Das Unternehmen ist für sie mehr als nur ein rationales Investment. Es ist Teil ihrer Geschichte und ihrer Identität, und die Verknüpfung von Unternehmens- und Familienzugehörigkeit verstärkt die Bindungskräfte noch.

Aber im Unternehmen wirken immer auch negative Emotionen wie Neid, Eifersucht und Missgunst als Folge empfundener Benachteiligungen oder Bevorzugungen bei der Verteilung von Geld, Macht und Liebe. Und weil es im Familienunternehmen um überdurchschnittlich viel Geld, Macht und Anerkennung geht, ist die Gefahr von Konflikten in Unternehmerfamilien überdurchschnittlich groß und es besteht die begründete Gefahr, dass diese Konflikte nicht auf die familiäre Ebene beschränkt bleiben. Streit ist einer der größten Wertvernichter im Familienunternehmen und die Geschichten großer Familienfehden mit tragischem Ausgang sind Legion.

Hinzu kommt eine weitere Herausforderung. Der Wille, die bestimmende Inhaberposition über das Unternehmen dauerhaft aufrechtzuerhalten, reduziert dessen Wachstumspotenzial auf die Ressourcen, die von der Familie zur Finanzierung – insbesondere mit Eigenkapital – zur Verfügung gestellt werden können. Und das ist in aller Regel weit weniger als die Kapitalien, die über den Kapitalmarkt eingesammelt werden könnten. Da die Sorge, die unternehmerische Unabhängigkeit zu verlieren, darüber hinaus auch die Möglichkeiten zur Fremdkapitalfinanzierung begrenzt, ergibt sich im Familienunternehmen die Notwendigkeit, unternehmerischen Erfolg mit vergleichsweise geringeren finanziellen Mitteln suchen zu müssen.

Chancen und Herausforderungen verbinden sich schließlich auch mit dem letzten Begriffsmerkmal, dem *generationsübergreifenden Charakter* der Inhaberschaft. Langfristiges Denken gehört zum genetischen Code des Familienunternehmens. Hier denkt man nicht in Berichtsquartalen, sondern in Nachfolgegenerationen. »Unser Ziel ist es nicht, alle drei Jahre den Wert unseres Unternehmens zu verdoppeln, sondern alle 30 Jahre ein intaktes Unternehmen an die nächste Generation zu übergeben«, hat der ehemalige Miele-Chef Peter Zinkann dies in einem Gespräch mit mir einmal plakativ beschrieben.

Wer so denkt, formuliert andere Strategien und trifft Personalentscheidungen anders als jemand, der alle drei Monate eine neue Erfolgsmeldung vorweisen muss. Er kann langfristig Wettbewerbsvorteile aufbauen und Positionen besetzen, die von kurzfristigen Erfolgen verpflichteten Konkurrenten nur schwer kopiert werden können. Aber er sieht sich auch einem natürlichen Feind gegenüber. Der Lebenszyklus, das Gesetz vom Entstehen, Wachsen, Reifen und Vergehen, trifft auch Produkte, Unternehmen und Unternehmerfamilien. Das Produkt des Gründers hat nur eine begrenzte Lebensdauer und der Unternehmergeist erlahmt mit den Generationen. Familienunternehmen, die auf diese Herausforderung keine Antwort finden, verschwinden vom Markt. »Stillstand ist Rückschritt« und »Wer nicht mit der Zeit geht, geht mit der Zeit« sind deshalb Aussagen, die zum Selbstverständnis vieler erfolgreicher Familienunternehmen gehören. Zu Recht: Ein nicht erlahmender Innovationsgeist im Unternehmen und in der Inhaberfamilie ist ein unverzichtbarer Erfolgsfaktor im Familienunternehmen.

| Begriffsmerkmale | Chancen | Risiken |
| --- | --- | --- |
| ▸ Dominante Inhaberschaft | ▸ hohe Übereinstimmung zwischen Inhabern und Führung (schnelle und verantwortliche Entscheidungen) | ▸ Machtmissbrauch |
| ▸ Familiäre Inhaberschaft | ▸ hohe Bindung der Inhaber<br>▸ Möglichkeit zur Bildung von Vertrauenskapital (»Inhaberbonus«) | ▸ familiäre Konflikte<br>▸ begrenzte Ressourcen |
| ▸ Generationsübergreifende Inhaberschaft | ▸ Langfristigkeit und Kontinuität | ▸ Lebenszyklus/nachlassender Unternehmergeist |

Typische Chancen und Herausforderungen für Familienunternehmen

All diese Chancen und Risiken sollte jeder kennen, der ein Familienunternehmen langfristig zum Erfolg führen will. Denn es handelt sich bei ihnen nicht um dem Typus Familienunternehmen naturgesetzlich beigegebene Vorzüge und Nachteile. Man hat sie nicht automatisch, nur weil man ein Familienunternehmen ist. Es handelt sich vielmehr um Potenziale, die eintreten können, sich aber nicht realisieren müssen. Die Kunst guter

Unternehmensführung im Familienunternehmen besteht darin, dafür Sorge zu tragen, dass Chancen zu echten Wettbewerbsvorteilen ausgebaut werden, und sicherzustellen, dass Herausforderungen nicht zu Nachteilen werden. Ein Familienunternehmen, das alle seine Chancen nutzt und seinen Gefahren wirksam begegnet, ist schwer zu schlagen.

## WAS IST EINE INHABERSTRATEGIE?

Einen Rahmen und ein System zu schaffen, mit denen langfristiger unternehmerischer Erfolg unter den besonderen Bedingungen eines Familienunternehmens möglich wird, ist Aufgabe und Verantwortung der Inhaber. Sie sind die letzte Entscheidungsinstanz, nicht nur in einem Unternehmen, sondern überall dort, wo es um die Bewirtschaftung von Eigentum geht. Und wem die letzte Entscheidung zusteht, der trägt auch die letzte Verantwortung. Dass sich dies in einer Publikumsgesellschaft anders verhält, hat nichts mit abweichenden Gesetzmäßigkeiten im Bereich der BWL zu tun, sondern nur damit, dass die fragmentierte und noch dazu ständig wechselnde Inhaberschaft in einer Publikumsgesellschaft nicht in der Lage ist, ihre Inhaberaufgabe angemessen wahrzunehmen. Das entstehende Vakuum wird von den Verwaltungsorganen ausgefüllt, nicht weil ihnen dieses Recht originär zustünde, sondern weil das Vakuum gefüllt werden muss. Auch eine Publikumsgesellschaft braucht schließlich ein Ziel und eine Richtung. Dass unsere BWL aus dieser Spezialkonstellation allerdings ein allgemeines Governance-

Verständnis für alle Unternehmenstypen abgeleitet hat, ist ein schlimmer Fehler. Er sollte rasch korrigiert werden. Richtig ist, dass in Familienunternehmen und anderen Unternehmenstypen mit dominanter Inhaberschaft weder das Management noch ein Aufsichtsorgan, sondern allein die Inhaber selbst berechtigt und verpflichtet sind, einen normativen Rahmen für die Führung des Unternehmens zu setzen.

Und damit wären wir bei der Inhaberstrategie. Eine Inhaberstrategie legt fest, wie die Inhaber eines Familienunternehmens mit ihrer dominanten Inhaberrolle umgehen wollen, wer zum Kreis der Inhaber und der Unternehmerfamilie gehören soll, welchem Auftrag sich die Inhaber verpflichtet fühlen, welche Ziele sie erreichen wollen und welche Werte dabei maßgeblich sein sollen, auf welchem Weg die Ziele erreicht werden sollen und welche Strukturen und Regeln dabei für die Organisation von Unternehmen und Familie gelten, und schließlich, wer welche Aufgaben und Verantwortungen übernimmt und welche Maßnahmen zur Umsetzung notwendig sind.

Das ist im Grunde nichts anderes als das, was wir bei jeder Strategieentwicklung festlegen, egal ob es sich um Produktstrategien, Geschäftsfeldstrategien oder Unternehmensstrategien handelt. Dass Inhaberstrategien gleichwohl noch eine recht junge Disziplin sind, hat wiederum mit dem fehlerhaften Verständnis der akademischen Betriebswirtschaftslehre zu tun. Für den, der sich an der Publikumsgesellschaft mit ihrer fragmentierten Inhaberschaft orientiert, gehört eine Inhaberstrategie nicht zum Unternehmen, sondern in den Privatbereich des Anlegers. Ob dieser bei der Anlage seines Vermögens eine Strategie verfolgt und wie sie aussieht, ist aus Sicht des Unternehmens nicht relevant und entzieht sich deshalb dem Betrachtungshorizont der

Betriebswirtschaftslehre. Erst wenn man von der Existenz eines dominanten Inhabers ausgeht, bekommt dessen Strategie Relevanz für das Unternehmen. Und so ist es kein Wunder, dass die Entwicklung von Inhaberstrategien für Familienunternehmen nicht von der betriebswirtschaftlichen Forschung, sondern von einer akademisch interessierten Beratungspraxis vorangetrieben wurde.

Dabei wurde in den letzten Jahren viel erreicht. Wir haben die Notwendigkeit von Inhaberstrategien erkannt, ein theoretisches Fundament gelegt und die Inhalte sowie eine Vorgehensweise zu ihrer Erarbeitung bestimmt. Inzwischen haben wir einen Standard erreicht, der es möglich macht, eine allgemein verständliche Anleitung zur Erarbeitung von Inhaberstrategien in Familienunternehmen vorzulegen. Dies zu tun, ist nun Ziel und Inhalt dieses Buches. Es enthält den aktuellen Stand meines Wissens zu diesem Thema und gliedert sich in die Teile

- Eine sorgfältige Analyse als Ausgangspunkt (2. Teil)
- Die Inhalte einer Inhaberstrategie (3. Teil)
- Hinweise zur Erarbeitung und Umsetzung der Inhaberstrategie (4. Teil)

Bevor ich beginne, gestatten Sie mir noch eine letzte Vorbemerkung. Sie ist mir wichtig. Die Erarbeitung einer Inhaberstrategie ist zuvörderst eine Verpflichtung gegen sich selbst. Fragen nach den Zielen, Werten, Wegen, Strukturen, Regeln und Verantwortlichkeiten sowie nach den notwendigen Umsetzungsmaßnahmen gehören zur Grundausstattung eines professionellen Umgangs mit dem eigenen Vermögen. Sie zu beantworten, liegt im eigenen Interesse. Denn der unprofessionelle Umgang mit Vermögenswerten führt fast immer zu Verlusten. Das zu verhindern, ist der Auftrag und das Ziel des Projektes Inhaberstrategie.

Aber es geht noch um etwas anderes. Deutschlands Familienunternehmer sind nicht nur sich selbst verpflichtet. Die Eigentumsgarantie unserer Verfassung berechtigt nicht nur, sie verpflichtet auch. »Eigentum verpflichtet. Sein Gebrauch soll zugleich dem Wohle der Allgemeinheit dienen«, heißt es in Artikel 14 Absatz 2 des Grundgesetzes ausdrücklich. Das Professionalisierungsgebot gilt also nicht nur im eigenen Interesse, sondern auch gegenüber der Allgemeinheit. Und es verpflichtet nicht nur zum professionellen Umgang mit der Inhaberrolle, sondern auch dazu, sich Gedanken darüber zu machen, wie mithilfe der unternehmerischen Tätigkeit der verfassungsrechtlich intendierte Gemeinwohlnutzen erreicht werden kann. Ich weiß, dass viele Familienunternehmer in Deutschland so denken und handeln. Die Inhaberstrategie ist genau der richtige Ort, dieses Denken gemeinsam und reflektiert zu konkretisieren.

# TEIL 2

# EINE SORGFÄLTIGE ANALYSE
# ALS AUSGANGSPUNKT

Wie jeder gute Strategieprozess sollte auch die Erarbeitung einer Inhaberstrategie mit einer Bestandsaufnahme beginnen. Nur wer weiß, wo er sich befindet, kann realistisch festlegen, wohin er will und einen gangbaren Weg dorthin beschreiben. Ziel der Bestandsaufnahme ist es, einen Überblick darüber zu gewinnen, wo wir stehen, und sich der schlichten Fakten bewusst zu werden, aber auch der bestehenden Stärken und Schwächen sowie Chancen und Herausforderungen. Auf diese Weise lässt sich nicht nur ein Katalog von Fragestellungen ermitteln, auf deren Beantwortung im anschließenden Inhaberstrategieprozess besondere Sorgfalt verwendet werden muss. Es wird zugleich ein aus Wollen und Können bestehender Rahmen ermittelt, der bei der Beantwortung dieser Fragen zu berücksichtigen ist. Da eine Inhaberstrategie im Familienunternehmen immer die Unternehmens- und die Inhaberseite im Blick haben muss, hat sich auch die Analyse auf beide Bereiche zu erstrecken.

Zur Durchführung einer solchen Analyse wurde in den letzten Jahren eine Reihe hilfreicher Instrumente entwickelt. Die wichtigsten möchte ich nachfolgend kurz vorstellen, ihren Anwendungsbereich und wesentlichen Inhalt erläutern sowie Hinweise für ihre Anwendung geben.

## DIE FAMILY BUSINESS
## SWOT-ANALYSE

Beginnen möchte ich mit der Family Business SWOT-Analyse, die ich erstmals in meinem Buch *Erfolgsmodell Familienunternehmen* vorgestellt habe. Sie basiert auf der im Unternehmensbereich bekannten SWOT-Analyse und erweitert diese um spezifische Aspekte des Familienunternehmens und seiner Inhaberfamilie. Ihre Kernfragen lauten: Wo sind wir gut? Wo haben wir Schwächen? Welche Chancen bestehen? Welche Risiken und Herausforderungen müssen beachtet und bearbeitet werden? Richtig angewendet kann bereits die Family Business SWOT-Analyse einen guten Überblick über die bei der Erstellung der Inhaberstrategie relevanten Fragestellungen und Rahmenbedingungen geben.

Wichtige Hinweise für die Durchführung der Family Business SWOT-Analyse ergeben sich aus den oben dargestellten typusimmanenten Stärken und Schwächen von Familienunternehmen. Im Rahmen einer Family Business SWOT-Analyse wäre jetzt zu ermitteln, inwieweit die abstrakten Chancenpotenziale eines Familienunternehmens tatsächlich ausgenutzt werden, inwieweit sich potenzielle Gefahren realisiert haben und ob und inwieweit wirksame Vorkehrungen gegen ihren Eintritt getroffen sind. Ein möglicher Fragenkatalog sähe dann so aus, wobei wir mit den abstrakten Chancenpotenzialen beginnen wollen:

- Wie hoch ist die Übereinstimmung zwischen Inhabern und Unternehmensführung? Personell und inhaltlich?
- Wie schnell ist unser Unternehmen in seinen Entscheidungen und inwieweit nutzt es diese Schnelligkeit als Wettbewerbsvorteil im Markt?
- Wodurch ist sichergestellt, dass die Unternehmensführung verantwortlich im Interesse der Inhaber handelt? Wie wird gewährleistet, dass keine übergroßen Risiken eingegangen werden?
- Welchen Nutzenbeitrag liefern die Inhaber zum Unternehmenserfolg?
- Wie sehr sind die Inhaber mit dem Unternehmen verbunden und an das Unternehmen gebunden? Rechtlich und emotional?
- In welchem Umfang nutzt das Unternehmen die Familie zur Bildung von Vertrauenskapital im Verhältnis zu Mitarbeitern, Kunden, Lieferanten, Öffentlichkeit et cetera?
- Inwieweit ist das unternehmerische Handeln von Langfristigkeit und Kontinuität geprägt? Personell und inhaltlich?
- Inwieweit nutzt unser Unternehmen den Vorteil der langfristigen Ausrichtung für die Entwicklung dauerhaft wirksamer Wettbewerbsvorteile?

Und nun zu den Gefahrenpotenzialen eines Familienunternehmens:

- Gibt es Fälle von Machtmissbrauch? Zum Beispiel Gesellschafter, die trotz hohen Alters nicht von ihren Machtpositionen in Geschäftsführung und/oder Kontrollorgan lassen wollen? Oder Inhaber und Nachfolger, die trotz fehlender

Befähigung in die Geschäftsführung gehievt werden, an anderer Stelle im Unternehmen arbeiten oder Dienstleistungen erbringen? Oder ungewöhnliche Vereinbarungen?

- Inwieweit haben wir als Inhaberfamilie Vorkehrungen getroffen, dass sich solche Dinge nicht ereignen können?
- Gibt es Konflikte im Inhaberkreis, die sich auf das Unternehmen auswirken?
- Inwieweit hat die Inhaberfamilie Maßnahmen getroffen, um die Entstehung schädlicher Konflikte zu vermeiden oder zumindest ihre Eskalation zu verhindern?
- Ist sichergestellt, dass die Inhaber dem Unternehmen ausreichend Kapital für dessen weitere Entwicklung zur Verfügung stellen?
- Sind Maßnahmen gegen ungeplanten und übermäßigen Kapitalabfluss von Seiten der Inhaber getroffen?
- Sind der Aspekt der vergleichsweise knappen finanziellen Mittel und der Wunsch nach Erhalt der Unabhängigkeit Teil der Strategie des Unternehmens und seiner Inhaber? Haben wir geeignete Antworten auf diese Herausforderungen gefunden?
- In welcher Phase des Lebenszyklus befinden sich unsere wichtigsten Produkte und/oder Dienstleistungen? Welche Vorkehrungen haben wir getroffen, um den Gesetzmäßigkeiten des Lebenszyklus wirksam zu begegnen?
- Wie ist sichergestellt, dass der Unternehmergeist im Inhaberkreis lebendig bleibt?

Fragen wie diese dienen der Standortbestimmung. Sie helfen, einen Überblick darüber zu gewinnen, wie das Unternehmen und seine Inhaber mit den systemimmanenten Chancen und

Risiken eines Familienunternehmens umgehen. Damit liefert die Family Business SWOT-Analyse eine verlässliche Arbeitsgrundlage für den anschließenden Inhaberstrategieprozess.

| Stärken | Schwächen |
|---|---|
| ▸ hohe Übereinstimmung zwischen Inhabern und Führung durch allseits akzeptierten Familien-CEO<br>▸ hoher Inhaberbonus<br>▸ hohe Kontinuität in Führung und Strategie | ▸ Fehlen von Regelungen über das Ausscheiden von Geschäftsführern<br>▸ keine Nachfolgeregelung<br>▸ keine planmäßige Heranführung der nächsten Generation an das Unternehmen |
| ▸ mehrere interessierte und talentierte Mitglieder in der nächsten Generation | ▸ nachlassende Bindung der nicht aktiven Inhaber an das Unternehmen<br>▸ hohes Konfliktpotenzial in Zusammenhang mit der Nachfolgeregelung<br>▸ Risiko des Ausscheidens enttäuschter Gesellschafter |
| Chancen | Risiken |

Beispiel für eine Family Business SWOT-Analyse (zusammenfassende Übersicht)

## DIE 3-DIMENSIONEN-ANALYSE

Eine weitere, noch dazu schnell und leicht zu handhabende Analysemöglichkeit bietet das 3-Dimensionen-Modell, das ich während meiner Zeit an der Lausanner Business School IMD entwickelt und 2009 erstmals öffentlich vorgestellt habe. Es hat sich seitdem in einer Vielzahl von Beratungsprojekten bewährt und eine weite Verbreitung gefunden. Sein Ziel ist es, den Inhabern von Familienunternehmen mithilfe weniger einfacher

Fragen treffsichere Hinweise auf die für sie wichtigsten Aufgabenstellungen zu geben. Das ist nämlich gar nicht so leicht. Familienunternehmen unterscheiden sich nicht nur von anderen Unternehmenstypen, sondern auch untereinander zum Teil erheblich. Es gibt sie in den verschiedensten Erscheinungsformen und mit entsprechend vielfältigen Fragestellungen. »Inhaberstrategie von der Stange« oder »One size fits all« funktioniert im Familienunternehmen nicht. Was für einen Alleininhaber richtig sein mag, passt für einen Gesellschafterkreis mit mehreren Hundert Gesellschaftern noch lange nicht. Ein inhabergeführtes Familienunternehmen braucht andere Regeln als eines, an dessen Spitze ein nicht aus der Familie stammender Unternehmensführer steht. Und in einem Unternehmen, das sich auf ein Kerngeschäft fokussiert, stellen sich andere Herausforderungen als in einer breit diversifizierten Unternehmensgruppe oder in einem Family Investment Office. Inhaberstrategische Arbeit ist immer Maßanfertigung.

Mithilfe des 3-Dimensionen-Modells kann die dadurch entstehende Komplexität erheblich reduziert werden. Denn das 3-Dimensionen-Modell teilt die Welt der Familienunternehmen entlang dreier Dimensionen in Teilgruppen mit ähnlichen Problemstellungen ein. Auf diese Weise wird es der Inhaberfamilie möglich, sich und ihr Unternehmen als ein spezifischer Typus von Familienunternehmen zu erkennen und die mit dieser Einordnung üblicherweise verbundenen Herausforderungen zu verstehen. Hilfreich ist das nicht nur bei der Analyse aktueller Herausforderungen. Auch bei Veränderungen ist es gut zu wissen, welche neuen Herausforderungen mit der geplanten Veränderung verbunden sind. Auf diese Weise lassen sich Probleme adressieren, bevor sie auftreten.

Die drei maßgeblichen Dimensionen aus dem 3-Dimensionen-Modell möchte ich nachfolgend kurz vorstellen. Es sind:

1. die Art der familiären Inhaberschaft (Inhaberstruktur),
2. die Art der Einflussnahme der Familie auf das Unternehmen (Governance-Struktur) und
3. die Art der unternehmerischen Investition der Familie (Unternehmensstruktur).

## Die Art der familiären Inhaberschaft (Inhaberstruktur)

Zwar eint alle Familienunternehmen die dominante Inhaberschaft einer Familie mit einem generationsübergreifenden Unternehmerverständnis, doch kann diese in verschiedenen Erscheinungsformen auftreten.

### Der Alleininhaber

Am Anfang steht meist ein familiärer Alleininhaber. Nur selten werden Familienunternehmen von mehreren Familienmitgliedern gegründet. Die alleinige Inhaberschaft über die in Familienbesitz befindlichen Unternehmensanteile ist ein typisches Erscheinungsmerkmal der Gründergeneration. Sie kann aber auch in späteren Generationen auftreten, wenn der Inhaber nur einen Nachfolger hat oder sich für einen von mehreren potenziellen Nachfolgern entscheidet. Mitunter entsteht eine Alleininhaberschaft auch neu, etwa wenn ein Familienmitglied die anderen auskauft oder ein Familienunternehmen im Wege der Realteilung zwischen verschiedenen Familienmitgliedern aufgeteilt wird.

Die Alleininhaberschaft ist von allen Erscheinungsformen familiärer Inhaberschaft diejenige mit der geringsten Komplexität. Konflikte zwischen den Inhabern sind beim Alleininhaber ausgeschlossen. Dafür kann die uneingeschränkte Machtfülle zu Machtmissbrauch verleiten. Und auch mangelnde Fähigkeiten des Alleininhabers finden kein wirksames internes Korrektiv. Die hohe Abhängigkeit des Unternehmens vom Alleininhaber stellt Chance und Herausforderung zugleich dar, für die adäquate Lösungen gefunden werden müssen. Dies gilt auch für die letzte große Aufgabe des Alleininhabers – die Regelung seiner Nachfolge als Unternehmensinhaber. Wem überträgt er seine Beteiligung am Unternehmen? Wann tut er es? Welche Vorkehrungen sind für den Fall getroffen, dass der Alleininhaber vorzeitig und ungeplant ausfällt? Und wie wird sichergestellt, dass das vorgesehene Nachfolgekonzept auch funktioniert? Eine freiwillige Selbstbeschränkung der Inhabermacht durch Etablierung einer professionellen Governance sowie ein professionelles Management der Unternehmensnachfolge sind die angemessenen Antworten auf die Herausforderungen der Alleininhaberschaft.

### Die Geschwistergesellschaft

Für kleine Familienunternehmen, die nur eine Familie ernähren können, gibt es zur Alleininhaberschaft praktisch keine Alternative. In großen Familienunternehmen ist sie jedoch eher die Ausnahme. Im inneren Konflikt zwischen dem rationalen Unternehmer-Ich und dem nach familiärer Gleichbehandlung verlangenden Eltern-Ich schlägt sich die überwiegende Zahl der Unternehmensgründer zumindest bei der Anteilsverteilung auf die Familienseite. Und so wird aus der Alleininhaberschaft des Gründers in der zweiten Generation in der Regel eine Geschwistergesellschaft, bei der die familiäre Inhaberschaft auf mehrere Geschwister aufgeteilt ist.

Die Geschwistergesellschaft weist gegenüber der Alleininhaberschaft eine gesteigerte Komplexität der familiären Inhaberschaft auf. Zwar ist es positiv, dass die Gefahren des Machtmissbrauchs in der Geschwistergesellschaft durch die gegenseitige Kontrolle reduziert werden. Doch stehen diesem Vorteil neue Risiken gegenüber. Wie ist es um den Unternehmergeist und die Inhaberqualifikation der Erben bestellt? Und wie gehen sie mit Neid, Eifersucht und Missgunst um, vor allem dann, wenn Geld, Macht und Erbe zwischen den Geschwistern ungleich verteilt sind? Geschwistergesellschaften gelten als besonders konfliktanfällig und die Konflikte in ihnen wegen der meist großen Beteiligungen der Konfliktparteien am Unternehmen als besonders gefährlich. Etliche der berühmtesten Streitfälle in Familienunternehmen sind in Geschwistergesellschaften angesiedelt. Die Beherrschung der zerstörerischen Kraft der Geschwisterrivalität ist die zentrale Aufgabenstellung auf dieser Stufe.

### Das Vetternkonsortium

In den Folgegenerationen verwandelt sich die Geschwistergesellschaft meist in ein Vetternkonsortium. An die Stelle von Brüdern und Schwestern treten Vettern und Cousinen als Träger der dominanten familiären Inhaberschaft.

Die mit dem Übergang zum Vetternkonsortium einhergehenden Veränderungen sind beachtlich. Die Zahl der Inhaber wächst, die Nähe der Inhaber zum Unternehmen nimmt ebenso ab wie die Nähe innerhalb der Familie. Darüber hinaus muss die Familie lernen, mit dem Problem wachsender Diversität umzugehen. Da die Inhaber in der Regel unterschiedliche Lebensplanungen haben, entstehen Unterschiede bei Beteiligung und Teilhabe, die sich mit jeder Generation weiter verstärken. Die wachsende Zahl der Inhaber und ihre Unterschiedlichkeit bleiben nicht ohne Auswirkungen auf die Verteilung von Geld und Macht. Je höher die Zahl der Gesellschafter ist, desto geringer ist die Möglichkeit, familiären Gleichbehandlungserwartungen auf der Unternehmensebene Rechnung tragen zu können. Im Vetternkonsortium ist es oft faktisch nicht mehr möglich, alle Familienmitglieder zu Geschäftsführern zu machen oder in der Firma mitarbeiten zu lassen. Auch bei der Verteilung von Stimmrechten und Dividenden gibt es zunehmende Unterschiede. Dies führt bei manchen Inhabern zu einer nachlassenden Identifikation mit dem generationsübergreifenden Projekt und zu der Frage, ob es sinnvoll ist, das Unternehmen als Familienunternehmen fortzuführen.

Dass diese Frage reichlich Konfliktstoff beinhaltet, versteht sich von selbst. Dafür sind die interpersonalen Konflikte im Vetternkonsortium typischerweise reduziert. Die wachsende Entfremdung tut in dieser Hinsicht gut. Wer nicht gemeinsam im Sandkasten gespielt hat, steht weniger in der Gefahr, seine kindlichen Rivalitäten im Erwachsenenalter auf das Spielfeld des Unternehmens zu übertragen.

Mitunter kommt es im Vetternkonsortium allerdings zu einem Ausstrahlungseffekt der Rivalitäten aus der Geschwistergeneration, wenn Kinder von ihren Eltern instrumentalisiert werden, gewonnenes Terrain gegenüber einem anderen Familienstamm zu sichern oder verlorenes Terrain zurückzuerobern. Die Sprengstoffwirkung, die in solchen Rückspielen liegt, darf nicht unterschätzt werden.

Dazu kommen die fortwirkenden Problemstellungen aus der Geschwistergesellschaft: Ein möglicherweise nachlassender Unternehmergeist und mangelnde Inhaberqualifikation werden mit fortschreitender Entfremdung vom gemeinsamen Projekt immer wahrscheinlicher. Gezielte Programme, um dem entgegenzuwirken, sowie die Gestaltung professioneller Governance-Strukturen für Familie und Unternehmen, die neben einem ökonomischen auch einen emotionalen Wert erzeugen, sind richtige Antworten auf die systembedingten Herausforderungen des Vettern- oder Cousinenkonsortiums.

### Die Familiendynastie

Das Vetternkonsortium währt in der Regel mehrere Generationen, bevor es aufgrund der großen Zahl beteiligter Inhaber in eine neue Erscheinungsform, die Familiendynastie, umschlägt. Mit der quantitativen Zunahme der Inhaberzahl verändert sich die Inhaberschaft auch qualitativ. Marginalisierung der Anteile sowie Entpersonalisierung der Beziehungen zum Unternehmen und innerhalb der Familie sind die konstituierenden Merkmale der Familiendynastie.

Die Herausforderungen, denen sich eine Familiendynastie gegenübersieht, sind mit denen des Vetternkonsortiums kaum mehr zu vergleichen. Rivalitäten zwischen den Inhabern spielen praktisch keine Rolle mehr. Dafür wird es zunehmend schwieriger, den Zusammenhalt zwischen den Familienmitgliedern und deren Identifikation mit dem Familienunternehmen aufrechtzuerhalten. Wenn der Clanchef einer Familiendynastie zur Gesellschafterversammlung oder zum Familientag ruft, kennt er im Zweifel nicht einmal alle Anwesenden mit Namen. Und er muss davon ausgehen, dass sich die Beteiligung für viele von ihnen ökonomisch nicht grundsätzlich von anderen Vermögenswerten unterscheidet.

Wer ein Familienunternehmen mit einer Familiendynastie als dominantem Inhaber langfristig erfolgreich gestalten will, muss deshalb vor allem dafür Sorge tragen, dass sich die Beteiligung am Unternehmen für die Inhaber sowohl ökonomisch als auch emotional rentiert. Nicht zufällig besitzen erfolgreiche Familiendynastien immer auch große und erfolgreiche Familienunternehmen. Wer will, dass die Mitglieder der Dynastie bei der Stange bleiben, muss sicherstellen, dass der Wert des Unternehmens schneller wächst als die Zahl seiner Inhaber. Dazu sollte er eine Corporate Governance etablieren, die dem Problem der wachsenden Entfremdung der Gesellschafter durch eine zielgerichtete Repräsentation und Information begegnet.

Last but not least benötigt die Familiendynastie eine Family Governance, die ausreichend Anlässe schafft, die Familienmitglieder an das Unternehmen und an die Familie zu binden. Was in der Geschwistergesellschaft noch erlebte Selbstverständlichkeit ist, muss in der Familiendynastie zunehmend künstlich geschaffen werden.

## Die Art der Einflussnahme der Familie auf das Unternehmen (Governance-Struktur)

Die zweite Dimension, in der sich Familienunternehmen voneinander unterscheiden, ist die Art und Weise, in der die Inhaberfamilie Einfluss auf die Führung ihres Unternehmens nimmt. Es ist wichtig, diese Unterschiede zu kennen, wenn wir die mit den verschiedenen Governance-Strukturen verbundenen Fragen angemessen beantworten wollen.

## Das inhabergeführte Familienunternehmen

Viele Familienunternehmen werden von ihren Inhabern geführt. Die vollständige Identität zwischen Inhaberschaft und Führung ist vor allem bei Unternehmensgründern und bei kleinen Familienunternehmen die Regel. Aber auch in größeren Familienunternehmen bleibt die vollständige Identität von Inhaberschaft und Führung möglich, wenn der Kreis der Inhaber klein ist.

Die Vorzüge des inhabergeführten Familienunternehmens liegen auf der Hand. Als Folge der vollständigen Übereinstimmung von Inhaberschaft und Führungsmacht kann das Unternehmen alle Vorteile ausspielen, die sich aus der Abwesenheit des Prinzipal-Agenten-Konfliktes zwischen Inhabern und beauftragten Managern ergeben kann. Ein weiterer Vorzug ergibt sich mit Blick auf das innerfamiliäre Konfliktpotenzial. Neid, Eifersucht und Missgunst sind bei vollständiger Identität von Führung und Inhaberschaft ausgeschlossen oder – bei mehreren Inhaber-Managern – zumindest reduziert.

Auch die Herausforderungen sind offenkundig und im Grunde die gleichen wie bei der Alleininhaberschaft. Die Abhängigkeit des Unternehmens von einem Inhaber ist Fluch und Segen zugleich. Sabine Rau, international anerkannte Expertin für Familienunternehmen, hat dies wie folgt zusammengefasst: »Die Chance und das Risiko einer solchen Struktur liegen in der Person des Unternehmers. Seine Grenzen definieren die Grenzen des Unternehmens. Seine Ausbildung, sein Wissen, seine Erfahrung und seine Intuition sind die Faktoren, von denen das Wohl und Wehe des gesamten Unternehmens (…) abhängt. Grenzen, die er persönlich nicht in der Lage oder willens ist, zu überschreiten, sind auch für das Unternehmen die Grenzen seiner Betätigung.«[2]

Wie groß die Abhängigkeit vom Inhaber und Unternehmensführer tatsächlich ist, wird besonders beim vorzeitigen Ausfall
des Unternehmers sowie bei der Regelung seiner Führungsnachfolge deutlich. Wer diese Probleme lösen will, muss dafür Sorge
tragen, dass der Inhaber-Unternehmer zielgerichtet an der Verbesserung seiner persönlichen Wirksamkeit arbeitet, fehlende
eigene Kompetenzen durch eine entsprechende Ergänzung des
Managementteams kompensiert, einen Notfallplan für den Fall
seines ungeplanten Ausfalls entwickelt und frühzeitig eine professionelle Planung der Führungsnachfolge in Angriff nimmt.

### Das familiengeführte Familienunternehmen

Wenn in späteren Generationen die Zahl der Inhaber zunimmt,
ist es irgendwann nicht mehr möglich, die vollständige Identität
zwischen Inhaberschaft und Führung aufrechtzuerhalten. Nicht
selten teilt sich die Gruppe der Inhaber dann in solche, die aktiv an der Führung des Unternehmens mitwirken, und nicht im
Unternehmen tätige Inhaber. Aus dem inhabergeführten wird
ein familiengeführtes Familienunternehmen.

Familiengeführte Familienunternehmen sind keine einfache
Konstellation. Zwar ist die Übereinstimmung zwischen Inhabern
und Führung als Folge der Führung durch eine Person aus dem
Inhaberkreis weiterhin gewährleistet. Vollständige Interessenidentität besteht zwischen den Inhabern aber nicht mehr. Während das Unternehmen für die aktiven Inhaber Vermögenswert,
Arbeitsplatz und Ort persönlicher Selbstverwirklichung ist, reduziert sich seine Bedeutung für die nicht im Unternehmen
mitarbeitenden Inhaber auf einen emotional aufgeladenen Vermögenswert. Weil infolgedessen wichtige unternehmens- und
inhaberstrategische Fragen unterschiedlich beurteilt werden,

kommt es in familiengeführten Familienunternehmen häufig zu Konflikten zwischen tätigen und nicht tätigen Inhabern.

Konfliktträchtig ist häufig schon die Auswahlentscheidung selbst. Tätige Inhaber sind bei der Verteilung von Geld und Macht privilegiert und ihre Bevorzugung verletzt die familiäre Gleichbehandlungserwartung der anderen Inhaber. Keinesfalls alle Inhaberfamilien gehen professionell mit dieser Herausforderung um. Neid, Eifersucht und Missgunst sind an der Tagesordnung. Im familiengeführten Unternehmen stehen den Vorteilen aus der Übereinstimmung zwischen Inhabern und Führung also durchaus gewichtige Risiken gegenüber. Eingehen sollte sie nur, wer ihnen mit einer Governance gegenübertritt, die den Prinzipien der Professional Ownership (im Verhältnis zum Unternehmen) und der Fairness (im Verhältnis der Inhaber untereinander) verpflichtet ist. Beide Prinzipien werde ich zu Beginn des 3. Teils (»Die Inhalte einer Inhaberstrategie«) noch näher erläutern.

### Das familienkontrollierte Familienunternehmen

Manche Inhaberfamilie zieht aus den erwähnten Risiken den Schluss, es sei besser, die Führung des Unternehmens familienfremden Personen zu überlassen und sich auf die Wahrnehmung der Steuerungs- und Kontrollfunktion zu beschränken.

Das familienkontrollierte Familienunternehmen vermeidet die Probleme des familiengeführten. Wo alle gleichermaßen von der Führung ausgeschlossen sind, können Neid und Interessenkonflikte zwischen tätigen und nicht tätigen Inhabern nicht gedeihen. Dafür entstehen im familienkontrollierten Familienunternehmen neue Herausforderungen. Wie finden und binden wir geeignete Manager von außen? Wie beherrschen wir den nun erstmals vollständig vorhandenen Prinzipal-Agenten-Konflikt und stellen sicher, dass die Manager von außen im Sinne der Familie handeln? Und wie gehen wir mit der Tatsache um, dass die Identifikation der Inhaber durch die wachsende Entfernung von der Macht leidet und der emotionale Wert ihrer Beteiligung sinkt?

Auch das familienkontrollierte Familienunternehmen benötigt eine professionelle Governance. Allerdings verschieben sich deren Schwerpunkte im Vergleich mit dem familiengeführten Unternehmen. Nicht Maßnahmen zur Befriedung des Innenverhältnisses der Inhaber stehen jetzt im Mittelpunkt, sondern Governance-Regeln, die das Unternehmen für von außen kommende Manager attraktiv machen, Interessenidentität zwischen Inhabern und Führung sicherstellen und den emotionalen Wert der Unternehmensbeteiligung für die Inhaberfamilie sichern.

### Das fremdgesteuerte Familienunternehmen

Noch weniger Einfluss nimmt eine Familie, die nicht nur die Führung, sondern auch die Kontrolle ihres Unternehmens familienfremden Personen überlässt. Fremdgesteuerte Familienunternehmen sind in der Praxis selten, denn in der Regel führt der Verlust der Inhaberkontrolle früher oder später zum Verlust des Familienunternehmens. Allerdings wäre es falsch, die Verantwortung für das Scheitern allein den Externen zuzuweisen. Eine wesentliche Fehlleistung liegt bei den Inhabern selbst. Die Investition in ein Unternehmen stellt für die meisten Inhaber ein Klumpenrisiko dar, das bestenfalls so lange gerechtfertigt werden kann, wie die Inhaber in der Lage sind, die wirtschaftliche Entwicklung dieses Risikos maßgeblich zu gestalten. Eine Inhaberfamilie, die den Willen oder die Fähigkeit verliert, ihr

Unternehmen entweder zu führen oder aus dem Kontrollorgan heraus zu steuern, muss im eigenen Interesse darüber nachdenken, ihr Risiko durch – zumindest teilweisen – Verkauf ihrer Unternehmensbeteiligung zu reduzieren und zu diversifizieren. Oder die Voraussetzungen schaffen und eine Rückgewinnung der Familienkontrolle anstreben.

## Die Art der unternehmerischen Investition der Familie (Unternehmensstruktur)

Die dritte Dimension, in der Familienunternehmen sich voneinander unterscheiden, ist die Art der unternehmerischen Investition. Das Ein-Produkt-Unternehmen, die diversifizierte Gruppe oder die Family Offices wohlhabender Unternehmerfamilien – sie alle sind Familienunternehmen und verkörpern doch unterschiedliche Erscheinungsformen dieses Typs. Um die zentralen Herausforderungen der verschiedenen Erscheinungsformen besser zu verstehen, ist es sinnvoll, sie näher zu betrachten.

### *Das junge Familienunternehmen*

Nicht immer steht am Beginn eines Familienunternehmens eine geniale Erfindung, stets aber beginnt seine Geschichte mit einem Pionier, der den Mut und die Kraft besitzt, ein Unternehmen zu gründen und zum Erfolg zu führen. In der Frühphase eines Familienunternehmens sind Chancen und Risiken extrem ausgeprägt. Die unternehmerische Kraft des Pioniers und eine überzeugende Geschäftsidee, Schnelligkeit, Flexibilität, eine hohe Mitarbeitermotivation sowie die anfängliche Nichtbeachtung durch die Großen im Markt eröffnen Chancen, wie sie in späteren Phasen des Lebenszyklus nicht wiederkehren.

Aber auch die Risiken sind unvergleichlich groß. Das Unternehmen ist nicht nur stark von der Person des Unternehmers und der Kraft seiner Geschäftsidee abhängig, sondern auch in hohem Maße verletzbar. Und der Erfolg lässt meist länger auf sich warten, als der junge Unternehmer glaubt. Das junge Familienunternehmen braucht den Mut, das Durchhaltevermögen und die Selbstausbeutung des Unternehmers, nicht selten auch die seiner Familie. Dazu muss es rasch eine geeignete Geschäftsidee finden, professionell werden und lernen, die typischen Gründerrisiken zu beherrschen.

### Das fokussierte Familienunternehmen

Übersteht das junge Unternehmen die Pionierphase erfolgreich, wird es zu einem fokussierten Familienunternehmen. Es hat eine erfolgversprechende Geschäftsidee gefunden und begonnen, diese auszunutzen. Es wächst und reift und bleibt doch fokussiert, auch wenn Ausflüge in verwandte Produkte oder Dienstleistungen die Abhängigkeit von der ursprünglichen Geschäftsidee verringern helfen.

Das fokussierte Familienunternehmen kann die Vorzüge der Fokussierungsstrategie für sich nutzbar machen. Wahrscheinlich gibt es kein Strategiekonzept, das kurzfristig eine bessere Wertentwicklung ermöglicht als eine konsequent angewandte Fokussierungsstrategie. Und zwar nicht nur in ökonomischer, sondern auch in emotionaler Hinsicht. Kein anderer Unternehmenstypus ist in der Lage, mehr Stolz und Identifikation mit dem eigenen Unternehmen zu erzeugen als ein fokussiertes Unternehmen mit einer starken (Marken-)Persönlichkeit.

Aber die Fokussierung birgt auch Risiken. Zwar hat das fokussierte Familienunternehmen die typischen Risiken der Gründungsphase in den Griff bekommen. Es ist erfolgreich, stark und mit den erforderlichen Ressourcen ausgestattet. Dafür sieht es sich nun neuen, andersartigen Risiken ausgesetzt. Das mit der Fokussierung verbundene Wachstum stellt hohe Anforderungen an das Management und birgt die Gefahr einer überambitionierten Expansion. Später kommen dann die Risiken der Reifephase, insbesondere der Sieg der Optimierung über die Innovation, hinzu.

Das für fokussierte Familienunternehmen größte Risiko aber resultiert aus dem Gesetz des Lebenszyklus der Märkte. Wenn es richtig ist, dass Märkte nicht nur entstehen und wachsen, sondern auch reifen und vergehen, dann ist das fokussierte Familienunternehmen einem systemimmanenten Existenzrisiko ausgesetzt. Und es gehört zu den zentralen Aufgabenstellungen in fokussierten Familienunternehmen, auf Inhaber- und/oder auf Unternehmensebene eine adäquate Antwort auf dieses Risiko zu finden.

### Das diversifizierte Familienunternehmen

Manche Inhaberfamilien entscheiden sich deshalb zu einer Diversifikation ihres unternehmerischen Risikos. So wie die Oetkers aus Bielefeld. Das 1891 mit der Produktion von Backpulver gegründete Unternehmen ist inzwischen in einer Vielzahl unterschiedlicher Geschäfte tätig: Nahrungsmittel, Getränke, Schifffahrt, Bankgeschäfte, Chemie und Hotels gehören zum Portfolio. Damit verkörpert Oetker den Idealtypus eines diversifizierten Familienunternehmens. Anstatt alle Eier in einen Korb zu legen, haben die Inhaber eine Strategie der Risikostreuung gewählt, ohne ihren unternehmerischen Führungsanspruch aufzugeben. Alle Unternehmensbereiche werden unternehmerisch geführt. Der Unterschied zum fokussierten Familienunternehmen besteht lediglich darin, dass es sich um verschiedene Unternehmen mit unterschiedlichem Risikoprofil handelt.

Eine Diversifikationsstrategie begrenzt nicht nur objektiv das Risiko der Inhaber. Sie kommt auch dem Umstand entgegen, dass deren Risikoneigung mit dem Fortschreiten in der Generationenfolge nachlässt. Während für den Gründer Risiko ein Fremdwort ist, haben die nachfolgenden Generationen ein anderes Verhältnis zu diesem Thema. Kein Wunder: Anders als der Gründer haben sie etwas zu verlieren, noch dazu etwas, das sie nicht oder nur teilweise selbst geschaffen haben. Wer sich als Teil einer Generationenkette versteht, muss von seinem Selbstverständnis her die Risiken des ihm vorübergehend zur treuhänderischen Verwaltung anvertrauten Gutes begrenzen und ein angemessenes Verhältnis zwischen der Nutzung unternehmerischer Chancen und der Vermeidung unternehmerischer Risiken herzustellen versuchen.

Die diversifizierte Familienunternehmung ist eine geeignete Antwort auf diese Herausforderung. Aber sie stellt auch neue und andersartige Herausforderungen an Management und Inhaberschaft. Diversifikation ist kein leichtes Geschäft. Wer erfolgreich in einem Markt ist, muss dies nicht automatisch auch in jedem anderen sein. Die Kompetenzen, die den Erfolg eines Unternehmens begründen, lassen sich nicht ohne Weiteres auf andere Geschäftsfelder übertragen. Ganz abgesehen davon, dass es für den Aufbau und die Führung einer diversifizierten Unternehmensgruppe anderer Kompetenzen bedarf als für die Führung eines fokussierten Unternehmens. Ohne die Fähigkeit zu einem professionellen Portfoliomanagement lässt sich ein diversifiziertes Familienunternehmen nicht erfolgreich betreiben. Hinzu kommt, dass die für Familienunternehmen ohnedies bestehende Herausforderung, Erfolg mit knappen Ressourcen suchen zu müssen, durch die Aufteilung auf verschiedene Aktivitäten zusätzlich erschwert wird. Und zu guter Letzt habe ich bei meiner Arbeit mit diversifizierten Familienunternehmen die Erfahrung gemacht, dass diese in der Regel eine wesentlich geringere emotionale Bindekraft und Identifikation der Inhaber mit ihrem Unternehmen erzeugen als fokussierte Familienunternehmen.

Keine Frage: Die dargestellten Probleme sind lösbar. Aber keine Inhaberfamilie sollte sich im Vertrauen auf die risikobegrenzenden Effekte einer Diversifikationsstrategie allzu leichtfertig in das Abenteuer eines diversifizierten Familienunternehmens stürzen. Diese Effekte stellen sich nämlich keineswegs von alleine ein, sondern nur, wenn die Inhaber eine überzeugende Diversifikationsstrategie haben, die notwendigen Kompetenzen aufbauen und dafür sorgen, dass der unvermeidliche Identifikationsverlust durch ein Maßnahmenpaket zur Stärkung des emotionalen Wertes auf Eigentümerseite kompensiert wird.

### Das Family Investment Office

Im Juni 1999 verkaufte der Unternehmer Otto Happel sein Familienunternehmen, den Anlagenbauer GEA, an eine börsengehandelte Publikumsgesellschaft. Es war das Ende der GEA als Familienunternehmen, das Ende von Otto Happel als Familienunternehmer war es nicht. Happel änderte lediglich den Gegenstand seiner unternehmerischen Tätigkeit von einem fokussierten Familienunternehmen in ein Family Investment Office und investiert heute mit unternehmerischem Anspruch in den verschiedensten Asset-Klassen von Direktbeteiligungen bis hin zu Immobilien.

Happel ist beileibe kein Einzelfall. Auch viele andere Inhaberfamilien, die ihre ursprünglichen Familienunternehmen verkauft haben, agieren inzwischen mit Family Investment Offices am Markt. Im Vergleich zum diversifizierten Familienunternehmen wird die Risikobegrenzung beim Family Investment Office noch einen Schritt weiter getrieben. Unternehmerfamilien, die ein Family Investment Office besitzen, handeln als Investoren, nicht als aktive Unternehmer (sieht man vom Family Investment Office selbst einmal ab). Ihr Erkennungsmerkmal ist der (überwiegende) Verzicht auf unternehmerische Führung, ihr Primärziel die unternehmerische Vermögensverwaltung und nicht das Betreiben eines oder mehrerer Unternehmen.

Für die Chancen und Herausforderungen dieses Unternehmenstyps gelten die Ausführungen zum diversifizierten Familienunternehmen daher in gesteigerter Form. So ist die risikobegrenzende Wirkung der Diversifikation durch die stärkere Vermögensstreuung noch größer als beim diversifizierten Familienunternehmen. Aber auch die Herausforderungen sind entsprechend größer. Die Kompetenzen, die für Aufbau und Betrieb eines Family Investment Office benötigt werden, sind gänzlich andere als diejenigen, die für die Führung eines oder mehrerer Unternehmen erforderlich sind. Und eine emotionale Bindekraft für die Inhaber geht von einem Family Investment Office kaum noch aus. Geld alleine macht nicht stolz. Etliche Familien, die ihre Familienunternehmen zunächst verkauft und ein Family Investment Office betrieben haben, sind später wieder zum Betrieb eines »richtigen« Familienunternehmens zurückgekehrt.

46

## Arbeiten mit dem 3-Dimensionen-Modell

Das 3-Dimensionen-Modell gibt der Inhaberfamilie rasch und unkompliziert Hinweise darauf, welche Fragestellungen sie besonders beachten muss, wenn das dynastische Projekt gelingen soll. Um erfolgreich mit dem Modell zu arbeiten, muss die Inhaberfamilie nur drei simple Fragen beantworten. Sie lauten:

1. Wem gehört das Unternehmen? (Inhaberstruktur)
2. Wer führt und wer kontrolliert das Unternehmen? (Governance-Struktur)
3. Welche Art von Unternehmen betreiben wir? (Unternehmensstruktur)

Die Beantwortung dieser drei einfachen Fragen klärt zunächst die wichtige Vor-Frage: Welcher Typus Familienunternehmen sind wir?

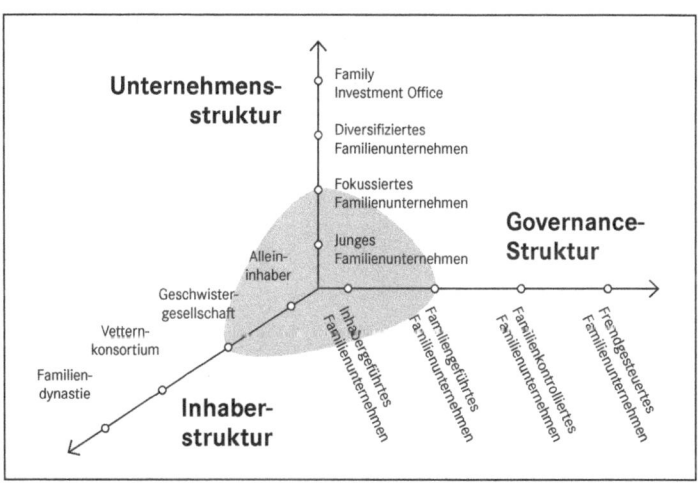

Arbeiten mit dem 3-Dimensionen-Modell – Welcher Typus Familienunternehmen sind wir?

Die Antwort auf diese Frage führt dann ohne Weiteres zu den potenziellen Schlüsselherausforderungen für den ermittelten Typus.

| Inhaberstruktur | Governance-Struktur | Unternehmensstruktur |
|---|---|---|
| **Alleininhaber**<br>▾ Alleinsein<br>▾ Machtmissbrauch<br>▾ Abhängigkeit vom Alleininhaber<br>▾ ungeplanter Ausfall<br>▾ Nachfolge | **Inhabergeführtes Familienunternehmen**<br>▾ Alleinsein<br>▾ Abhängigkeit vom Unternehmer<br>▾ ungeplanter Ausfall<br>▾ Nachfolge | **Junges Familienunternehmen**<br>▾ keine Abhängigkeit vom Gründer<br>▾ Geschäftsidee<br>▾ knappe Ressourcen<br>▾ fehlende Professionalität<br>▾ hohes Risiko |
| **Geschwistergesellschaft**<br>▾ Geschwisterrivalität<br>▾ fehlende Inhaberkompetenz<br>▾ nachlassender Unternehmergeist | **Familiengeführtes Familienunternehmen**<br>▾ Ämterrivalität<br>▾ Interessengegensätze zwischen tätigen und nicht tätigen Inhabern | **Fokussiertes Familienunternehmen**<br>▾ Lebenszyklus-Risiken<br>▾ »Alle Eier in einem Korb« |
| **Vetternkonsortium**<br>▾ zunehmende Diversität<br>▾ alte Rivalitäten<br>▾ fehlende Inhaberkompetenz<br>▾ nachlassender Unternehmergeist<br>▾ reduzierte Inhaberidentifikation<br>▾ nachlassender Zusammenhalt | **Familienkontrolliertes Familienunternehmen**<br>▾ Finden und Binden geeigneter Manager<br>▾ Prinzipal-Agenten-Konflikt<br>▾ nachlassende Inhaberidentifikation | **Diversifiziertes Familienunternehmen**<br>▾ professionelles Portfolio-management<br>▾ Ressourcenzersplitterung<br>▾ reduzierte Inhaberidentifikation |
| **Familiendynastie**<br>▾ fehlender Zusammenhalt<br>▾ reduzierte Inhaberidentifikation | **Fremdgesteuertes Familienunternehmen**<br>▾ Klumpenrisiko<br>▾ hohe Abhängigkeit von Dritten | **Family Investment Office**<br>▾ Fehlen der erforderlichen Spezialkompetenz<br>▾ reduzierte Inhaberidentifikation |

Arbeiten mit dem 3-Dimensionen-Modell – Welche Schlüsselherausforderungen bestehen für diesen Typus?

Anschließend muss dann nur noch ermittelt werden, welche Bedeutung die potenziellen Schlüsselherausforderungen in unserem Familienunternehmen und unserer Unternehmerfamilie tatsächlich haben. Das kann in Gesprächen und mithilfe von Checklisten und Scoring-Modellen ermittelt werden.

Auf die gleiche Weise kann vorgegangen werden, um frühzeitig zu ermitteln, welche Konsequenzen mit geplanten Veränderungen verbunden sind. Egal, ob im Zuge der Nachfolge ein Übergang vom Alleininhaber zur Geschwistergesellschaft geplant ist oder eine Inhaberfamilie von der bisherigen Familienführung (familiengeführtes Familienunternehmen) auf Fremdmanagement (familienkontrolliertes Familienunternehmen) wechseln will: All diese Veränderungen verändern die Struktur des Familienunternehmens und führen zu vollständig neuen Fragestellungen. Das 3-Dimensionen-Modell erlaubt es, diese frühzeitig zu erkennen und schon im Vorfeld sachgerechte Lösungen zu entwickeln. Ein wertvoller Vorteil.

Natürlich ist das 3-Dimensionen-Modell kein schlichter Automat. Die Wirklichkeit ist mitunter komplizierter, als sich das mit einem vereinfachenden Modell einfangen ließe. Das sollten Sie bei der Analyse nicht vergessen. Aber hilfreich ist ein solches Modell trotzdem. Getreu der Devise: Gute Konzepte sind wie Landkarten. Sie sind nicht die Wirklichkeit. Aber sie erleichtern das Navigieren in der Wirklichkeit.

# DIE 2-KREIS-ANALYSE

Ein weiteres kraftvolles Analysewerkzeug lässt sich aus dem 2-Kreis-Modell herleiten. Das 2-Kreis-Modell ist wahrscheinlich das älteste Modell zur Erklärung der Besonderheiten von Familienunternehmen. Und es ist bis heute mehr als jeder andere Ansatz geeignet, die besonderen Herausforderungen zu erklären, die sich aus dem Zusammentreffen von Unternehmen und Familie ergeben.

Denn die beiden Systeme, die im Familienunternehmen eine auf Dauer angelegte Verbindung eingehen, folgen grundverschiedenen Logiken. Während die Zugehörigkeit zu einer Familie auf Verwandtschaft beruht und nur begrenzter Disposition unterliegt, basiert die Mitgliedschaft im Unternehmen auf vertraglicher Grundlage und kann aufgekündigt werden. Und während Unternehmen ihren Wert aus ihrem wirtschaftlichen Erfolg ableiten und ihre Mitglieder demzufolge an deren Beitrag zur Erreichung dieses Erfolges messen, sind Familien darauf ausgerichtet, ihren Mitgliedern Sicherheit und Geborgenheit sowie die notwendigen Fähigkeiten für eine erfolgreiche Bewährung im Lebenskampf zu vermitteln. Der Wert des einzelnen Mitgliedes bemisst sich in der Idealfamilie also nicht nach seiner Leistungsfähigkeit, sondern ergibt sich aus der Zugehörigkeit zum Familienverband an sich. Während im Unternehmen eine differenzierte Behandlung systemimmanent ist, verlangen die Mitglieder des Systems Familie Gleichbehandlung und Ausgleich von natürlichen Benachteiligungen. Plakativ könnte man formulieren: Ideale Familien unterstützen die Schwachen, ideale

Unternehmen fördern die Starken. Das, was im Lichte der einen Logik richtig erscheint, kann aus der Perspektive der anderen falsch sein.

Unternehmerfamilien und Familienunternehmen müssen deshalb einen schwierigen Spagat bewältigen. Familienunternehmen sind keine normalen Unternehmen, weil sie neben den unternehmerischen Anforderungen in angemessenem Umfang auch die Bedürfnisse der Familie befriedigen müssen, wenn sie Familienunternehmen bleiben wollen. Und Unternehmerfamilien sind keine normalen Familien. Als dominante Inhaber eines Unternehmens müssen sie versuchen, die Belange von Familie und Unternehmen in einen angemessenen Ausgleich zu bringen, wenn sie eine erfolgreiche Unternehmerfamilie bleiben wollen. Die entscheidenden Fragen lauten: Wie weit sollen und dürfen Logiken aus dem Familiensystem in das Unternehmen hineinwirken und wie weit Logiken aus dem System Unternehmen in die Familie? Welcher Einfluss ist förderlich und welcher schädlich?

Im Rahmen einer aus dem 2-Kreis-Modell abgeleiteten Analyse müssen wir herausfinden, welche Kultur innerhalb des jeweiligen Systems maßgeblich ist. Diese Fragestellung wird üblicherweise mit dem Gegensatzpaar »Business-first-Verständnis versus Family-first-Verständnis« umschrieben. Konkret geht es darum festzustellen, ob im Familienunternehmen ausschließlich die Unternehmenslogiken Wettbewerb, Leistungsdifferenzierung und Hierarchie zur Anwendung kommen oder ob diese im Verhältnis zu Mitgliedern der Inhaberfamilie durch die familiären Logiken Sicherheit, Gleichwertigkeit und Gleichbehandlung relativiert werden. Gleiches gilt für das System Familie. Werden Liebe und Anerkennung hier tatsächlich allein

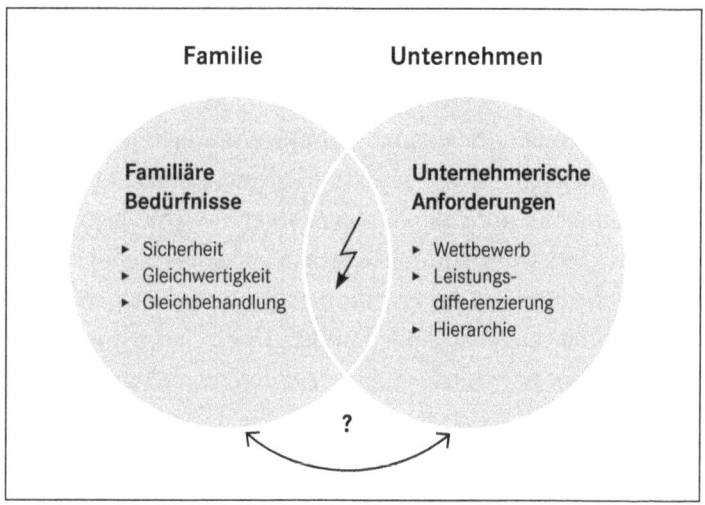

Das 2-Kreis-Modell

nach den Systemlogiken Sicherheit, Gleichwertigkeit und Gleichbehandlung verteilt, oder werden Familienmitglieder, die einen größeren Beitrag für das Unternehmen erbringen, auch im System Familie bevorzugt? Ich verrate kein Geheimnis, wenn ich feststelle, dass in Deutschland derzeit tendenziell eine doppelte Business-first-Logik vorherrscht, also die Systemlogiken aus der Unternehmenssphäre nicht nur dort gelten, sondern auch die Beziehungen in der Familiensphäre dominieren.

All das lässt sich in jedem Einzelfall erfragen und messen, ebenso wie die nicht minder spannenden Folgefragen, ob diese Logiken offen oder verdeckt gehandhabt werden, ob sie von den Beteiligten akzeptiert sind und was ihre Handhabung mit ihnen, der Familie insgesamt und mit dem Unternehmen macht. Die Ergebnisse bilden einen tauglichen Ausgangspunkt für eine vertiefte Diskussion im Rahmen der später zu erarbeitenden

Inhaberstrategie. Dort sollte es allerdings nicht nur darum gehen, miteinander zu vereinbaren, welches kulturelle Grundverständnis in Familie und Unternehmen künftig Geltung haben soll, sondern auch, welche konkreten Verhaltensregeln daraus für die Inhaber mit Blick auf das Unternehmen einerseits und die Familie andererseits abgeleitet werden.

## DIE 3-KREIS-ANALYSE

Das 2-Kreis-Modell wurde Anfang der 1990er-Jahre von Renato Tagiuri und John Davis zum 3-Kreis-Modell weiterentwickelt, dem bis heute am häufigsten verwendeten Erklärungsansatz im Bereich der Familienunternehmen.

Auch wenn das 3-Kreis-Modell nahezu universell angewendet wird, liegen seine größten Vorzüge auf dem Gebiet der Erklärung von Rollenkonflikten im Familienunternehmen. Indem es den Bereich Unternehmen in die beiden Teilbereiche Inhaberschaft und Führung aufspaltet, kommt das 3-Kreis-Modell zu insgesamt sieben zentralen Rollen im Familienunternehmen. Alleine für die Mitglieder der Unternehmerfamilie ergeben sich vier unterschiedliche Rollenangebote: Von aktiv in der Führung tätigen Inhabern (geschäftsführende Gesellschafter) über nicht in der Führung tätige Inhaber und mitarbeitende Familienmitglieder ohne Inhaberstellung (häufig Schwiegerkinder) bis hin zu Familienmitgliedern, die weder in der Firma arbeiten noch an der Firma beteiligt sind. Nicht zur Familie gehörende Inhaber (zum Beispiel nach einem Gang an die Börse) oder familienfremde Manager können die Komplexität weiter erhöhen.

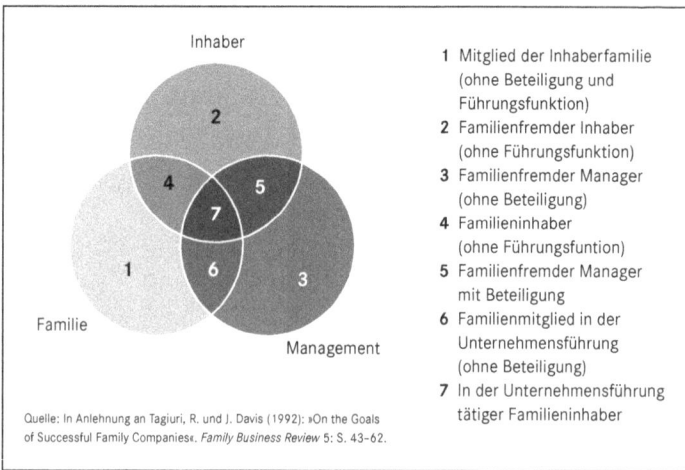

1  Mitglied der Inhaberfamilie
   (ohne Beteiligung und
   Führungsfunktion)
2  Familienfremder Inhaber
   (ohne Führungsfunktion)
3  Familienfremder Manager
   (ohne Beteiligung)
4  Familieninhaber
   (ohne Führungsfuntion)
5  Familienfremder Manager
   mit Beteiligung
6  Familienmitglied in der
   Unternehmensführung
   (ohne Beteiligung)
7  In der Unternehmensführung
   tätiger Familieninhaber

Quelle: In Anlehnung an Tagiuri, R. und J. Davis (1992): »On the Goals
of Successful Family Companies«. *Family Business Review* 5: S. 43–62.

Das 3-Kreis-Modell

Ausgehend von der Erkenntnis, dass die Sichtweise eines Menschen durch seinen jeweiligen Standort bestimmt wird, gibt das
3-Kreis-Modell Hinweise auf potenzielle Rollenkonflikte und
Koalitionen im Familienunternehmen. Denn »gut« sind immer
nur diejenigen, die unsere Interessen teilen, »böse« die anderen, die uns an der Durchsetzung unserer Interessen hindern
wollen. Und es wird gewiss niemanden wundern, wenn ich
feststelle, dass in Konfliktsituationen in der Regel nur diejenigen zu den »Guten« gehören, die sich im selben Feld befinden
wie ich. Dabei ist es ganz natürlich, wenn aktive und nicht im
Unternehmen tätige Inhaber in der Frage der Dividendenpoli-
tik und der Managementvergütung unterschiedliche Ansichten
haben. Ebenso hilft das 3-Kreis-Modell, das möglicherweise begrenzte Commitment von »Nur«-Familienmitgliedern zu be-
greifen oder die schwierige Situation von Fremdmanagern, insbesondere dann, wenn am Familienunternehmen nicht mehr

nur Familienmitglieder, sondern auch externe Dritte beteiligt sind. Das 3-Kreis-Modell ermöglicht uns, die möglichen Rollenkonflikte in einem Familienunternehmen besser zu verstehen. Dadurch, dass es diese aus dem System heraus erklärt und »normalisiert«, leistet es einen wichtigen Beitrag zur Konfliktprävention.

Eine Analyse der Ausgangssituation sollte damit beginnen, sämtliche Akteure den sieben Rollenfeldern des 3-Kreis-Modells zuzuordnen, danach ihre wesentlichen Erwartungen und etwa bestehende Unzufriedenheiten und Konfliktfelder abzufragen und das Ergebnis mit typischen Vergleichskonstellationen abzugleichen. Auf diese Weise entsteht ein guter Überblick, der es ermöglicht, sensible Themen zu ermitteln und diese in »normale« und »individuelle« Problemfelder einzuteilen – eine wertvolle Vorarbeit für den anschließenden Inhaberstrategieprozess.

## DER FINALE SCHRITT: DIE ERSTELLUNG EINER »THEMEN-LANDKARTE«

Die vorgestellten zentralen Analyseinstrumente lassen sich problemlos ergänzen. Vor allem Genogramme, Organigramme, Darstellungen der Unternehmens- und Beteiligungsstrukturen, Unternehmenskennziffern, Darstellungen des Schlüsselpersonals, Verträge, bestehende Familienkodizes, Ziel- und Wertekataloge sowie vergleichbare Informationen können wertvolle Hinweise geben.

Bei aller notwendigen Professionalität sollte allerdings kein »Overengineering« betrieben werden. Nur selten wird es notwendig sein, alle Instrumente zum Einsatz zu bringen, um ein qualifiziertes Analyseergebnis zu erzielen. Welche Werkzeuge zum Einsatz kommen, muss der Verantwortliche für den Strategieprozess entscheiden. Fundierte theoretische Kenntnisse, Erfahrung und Fingerspitzengefühl werden ihm dabei eine Richtschnur sein.

Am Ende des Analyseprozesses werden sämtliche gewonnenen Erkenntnisse zusammengefasst und in die Logik des Inhaberstrategie-Hauses (dazu sogleich) übertragen. Auf diese Weise entsteht eine individuelle »Themen-Landkarte«, die nur für diese eine Inhaberfamilie Gültigkeit hat. Auch wenn im Rahmen eines Inhaberstrategieprozesses nach Möglichkeit alle nachfolgend dargestellten Fragen beantwortet werden sollten: Mit Abschluss des Analyseprozesses weiß die Familie, wo ihre sensiblen Themen liegen. Sie kennt nun die Fragestellungen, auf die bei der Erarbeitung der Inhaberstrategie ein Schwerpunkt gelegt und besondere Sorgfalt verwendet werden muss. In der Regel tut es gut, alles einmal aus- und angesprochen zu haben – und dokumentiert zu sehen.

# TEIL 3

## DIE INHALTE
## EINER INHABERSTRATEGIE

Die inhaltlichen Bausteine des Inhaberstrategieprozesses verhalten sich zueinander wie die Zimmer eines Hauses. Gemeinsam ergeben sie eine Wohnung, in der sich die Inhaberfamilie im Idealfall für mindestens eine ganze Generation einrichten kann. Ein Zuhause im besten Sinne, etwas, wo alles und jeder seinen Platz hat, wo nichts fehlt, was man zum Zusammenleben braucht, wo es Regeln gibt, die anerkannt sind und befolgt werden. Zwar müssen die Zimmer des Hauses von Zeit zu Zeit renoviert werden, mitunter muss das Haus auch um- oder ausgebaut werden, manchmal gibt es Streit und hin und wieder zieht einer aus. Ungeachtet all dieser Veränderungen bleibt es doch das gemeinsame Haus der Familie, weshalb ich für den inhaltlichen Teil des Inhaberstrategieprozesses die Metapher vom »Inhaberstrategie-Haus« gewählt habe.

| Inhaberstrategie der Familie ... | | |
|---|---|---|
| (4)<br>Strukturen und Regeln<br>für das Unternehmen | (5)<br>Strukturen und Regeln<br>für die Familie | (6)<br>Rollen und Rolleninhaber |
| (1)<br>Mitgliedschaft | (2)<br>Selbstverständnis | (3)<br>Inhaberstrategische<br>Ausrichtung |
| (7) Umsetzungsmaßnahmen | | |

Das Inhaberstrategie-Haus

Im Folgenden möchte ich die sechs »Zimmer« des Inhaberstrategie-Hauses näher erläutern und Hinweise geben, welche Fragen jeweils beantwortet werden müssen und worauf bei ihrer Beantwortung zu achten ist.

# LEITGEDANKEN FÜR DIE INHALTLICHE AUSGESTALTUNG

Ehe wir uns den einzelnen Bausteinen der Inhaberstrategie zuwenden, gestatten Sie mir zunächst ein paar allgemeine Hinweise.

## Aufgabenstellung und Verpflichtung beachten

Bei der Beantwortung der einzelnen Fragen sollte sich die Inhaberfamilie von der Aufgabenstellung der Inhaberstrategie leiten lassen. Ihr Ziel ist es festzulegen, wie die Inhaber mit ihrer dominanten Inhaberrolle umgehen wollen. Und zwar nicht nur im eigenen Interesse, sondern zugleich in einer Weise, die wohlverstandenes Eigeninteresse und Gemeinwohlverpflichtung in angemessener Weise miteinander verknüpft.

## Einen Ausgleich zwischen Familie und Unternehmen schaffen

Dabei ist der besondere Charakter des Familienunternehmens zu berücksichtigen. Weil die dominante Inhaberschaft Familie und Unternehmen aufs engste miteinander verbindet, muss eine Inhaberstrategie stets beide Bereiche in den Blick nehmen und versuchen, die unterschiedlichen Anforderungen der beiden Systeme in einen angemessenen Ausgleich zu bringen. Das ist keine leichte Aufgabe. Zu viel Rücksichtnahme auf die familiären Belange kann den ökonomischen Erfolg des Unternehmens gefährden. Zu wenig Rücksichtnahme riskiert hingegen das Commitment für den Fortbestand der familiären Inhaberschaft.

Nicht anders sieht es in der Familiensphäre aus. Um als Familie mit Erfolg ein Unternehmen zu betreiben, muss die primär emotionale Orientierung der Familie um die Einsicht in ökonomische Notwendigkeiten aus der Unternehmenssphäre ergänzt werden. Wo aber liegt das richtige Maß? Zu viel ökonomischer Rigorismus kann den Familienzusammenhalt zerstören und damit die Basis für das gemeinsame Projekt beschädigen, zu wenig davon kann die Familie der Professionalität berauben, ohne die ökonomischer Erfolg nicht zu haben ist. Hier den richtigen Ausgleich zu finden, ist eine der zentralen Aufgaben einer Inhaberstrategie.

## Generationsübergreifend denken

Dabei darf der generationsübergreifende Anspruch nicht aus den Augen verloren werden. Wenn das dynastische Projekt gelingen soll, dürfen die Inhaber nicht nur die kurzfristigen Auswirkungen ihrer Entscheidungen im Blick haben. Als Glieder einer Kette müssen sie stets auch fragen, welche Auswirkungen ihre Entscheidungen langfristig, insbesondere mit Blick auf die angestrebte Generationenkontinuität, haben. Sie müssen Bäume pflanzen, deren Früchte erst von der nächsten Generation geerntet werden können, und in der Lage sein, sich stets selbstkritisch zu fragen: Sind unsere Entscheidungen hilfreich bei dem Bestreben, alle 30 Jahre ein intaktes Unternehmen an die nächste Generation zu übergeben?

## Professional Ownership

Sinnvolle Lösungen können nur erreicht werden, wenn die Beteiligten bereit sind, die eigenen Interessen nicht zum Maß aller Dinge zu machen, und sich stattdessen den Grundsätzen von

Professional Ownership verpflichten. Das Eigentum am Familienunternehmen berechtigt nicht nur, es verpflichtet auch. Und zwar unter anderem dazu, beim Umgang mit der Unternehmensbeteiligung nicht nur und nicht zuvörderst auf die eigenen Interessen zu blicken, sondern stets zu fragen: Wie würde sich ein objektiver Dritter, nicht geblendet durch ein persönliches Interesse, in der gegebenen Situation verhalten, um den Erfolg des Unternehmens und seinen Fortbestand als Familienunternehmen zu gewährleisten?

## Fair Process

Was Professional Ownership mit Blick auf das Unternehmen, bedeutet Fair Process mit Blick auf die Familie. Das Familienunternehmen kann nicht jedes Familienmitglied glücklich machen. Der Zwang, um des Erfolges im Wettbewerb willen den familiären Gleichbehandlungsauftrag durch eine Differenzierung nach Leistung zu ersetzen, stellt das Individuum und den Familienverbund auf eine harte Probe. Notwendige Unterschiede werden nur akzeptiert werden können, wenn die Beteiligten sicher sein dürfen, dass die getroffene Entscheidung nicht auf Willkür, sondern auf den Prinzipien der Fairness beruht. Und das bedeutet konkret, dass sie (1) klaren Spielregeln folgt, diese (2) gegenüber jedermann eingehalten werden und (3) völlige Transparenz über die Entscheidung und ihre Gründe besteht.

# MITGLIEDSCHAFT

Jede Gemeinschaft, die sich zu einem gemeinsamen Projekt verbindet, muss sich zuerst die Frage stellen: Wer gehört dazu? Nur die Mitglieder des Verbandes kommen in den Genuss der mit der Mitgliedschaft verbundenen Vorteile. Und nur von ihnen kann erwartet werden, dass sie die mit ihr verbundenen Verpflichtungen auf sich nehmen. Das gilt für Staaten ebenso wie für Religionsgemeinschaften, für politische Parteien wie für Sportvereine. Und für Familien, die ein Unternehmen betreiben. Wenn das gemeinsame Projekt gelingen soll, muss zunächst feststehen, wer dabei mitmachen darf – und in welcher Rolle. Zwar wird man in eine Unternehmerfamilie hineingeboren, Inhaber eines Familienunternehmens wird man deshalb noch lange nicht. Dafür bedarf es eines besonderen Aktes und es sollte aus Gründen der Fairness klar sein, welche Regeln dabei zur Anwendung kommen.

## Wie viele Inhaber verträgt das Unternehmen?

Schon die Ausgangsfrage hat es in sich: Soll die Inhaberschaft am Unternehmen an alle Kinder weitergegeben werden oder müssen wir eine Auswahl treffen? Die Betrachtung aus der Familienperspektive legt Gleichbehandlung nahe; aus Unternehmenssicht kann die Antwort anders ausfallen. Viele Unternehmen sind zu klein, um die ökonomischen Bedürfnisse einer wachsenden Zahl von Familienmitgliedern zu befriedigen. Ein Einzelhandelsgeschäft oder ein Handwerksbetrieb vermögen eine Inhaberfamilie zu ernähren, nicht aber mehrere. Aber auch größere Familienunternehmen müssen sich eine einfache Wahrheit bewusst machen: Damit die ökonomische Zufriedenheit der Inhaber mit ihrem Unternehmen gleich bleibt, muss sich der Wert des Unternehmens in gleichem Maße verändern wie die Zahl seiner Inhaber – und das nach Inflation. Ein ehemaliger Haniel-CEO hat diese simple Erkenntnis auf einen einfachen Nenner gebracht: »Die Familie mit ihren über 600 Gesellschaftern wächst jährlich um acht Prozent. Das verpflichtet auch das Unternehmen zu einer entsprechenden Wertsteigerung, allein um die Dividende für den Einzelnen stabil zu halten.«[3] Die Inhaber sollten wissen: Die Entscheidung für ein Wachstum auf Inhaberseite zwingt auch das Familienunternehmen auf einen Wachstumspfad. Wer das nicht will, muss entweder die Zahl der Inhaber oder die finanziellen Erwartungen der Nachfolgegenerationen mit Erfolg beschneiden.

Eine mögliche Beschneidung des Familienbaums sollte noch aus einem anderen Grund diskutiert werden. Denn mit dem Wachstum der Inhaberzahl steigt auch das Konfliktpotenzial. Jeder Gesellschafterkonflikt zerstört ökonomisches und emotionales Kapital. Die Geschwistergesellschaft und das Vetternkonsortium gelten als besonders konfliktanfällig. Wer die Zerstörungskraft solcher Konflikte ausschalten will, für den stellt dauerhafte Alleininhaberschaft deshalb eine attraktive Alternative dar. Experten weisen gerne darauf hin, dass Familienunternehmen, die sich über Generationen im Besitz eines Inhabers befinden, länger überleben als Firmen mit wachsendem Inhaberkreis.

Gleichwohl tun sich die Inhaber größerer Familienunternehmen oft schwer damit, die sich aufdrängenden Konsequenzen zu ziehen, weil gesellschaftlich anerkannte Konventionen, die eine Beschneidung des Familienbaums selbstverständlich erscheinen lassen und anerkannte Regeln für die Auswahlentscheidung bereitstellen, nicht mehr bestehen. Doch Kneifen geht nicht: Im Rahmen einer Inhaberstrategie braucht es eine ebenso klare wie vernünftige Entscheidung zu dieser wichtigen Frage. Die Augen vor der Wirklichkeit zu verschließen, nützt niemandem – weder dem Unternehmen noch der Familie.

## Wer darf Inhaber sein und werden?

Als Nächstes müssen die Inhaber den Kreis der Familienmitglieder, die für eine Inhaberschaft infrage kommen, verbindlich und für alle Beteiligten nachvollziehbar festlegen. Allgemeingültige Vorgaben dazu gibt es nicht. Die Frage, wer Inhaber eines Familienunternehmens sein kann, unterliegt dem Wandel der gesellschaftlichen Anschauung. Komplexe Lebensverhältnisse haben das traditionelle bürgerliche Familienmodell mit seinem Vater-Mutter-Kind(er)-Ideal abgelöst. Patchworkfamilien mit Kindern aus mehreren Ehen, eigenen und denen des dazukommenden Partners, nicht eheliche oder homosexuelle Lebensgemeinschaften, alleinerziehende Eltern mit nicht ehelichen und/oder nicht leiblichen Kindern, künstliche Befruchtungen und Leihmutterschaften sind längst keine Seltenheit mehr. Die Familie unserer Tage ist bunt geworden. Und sie entzieht sich allgemeingültigen Definitionsversuchen. Was Familie ist, wer zur Familie gehört und wer Gesellschafter sein darf, kann und muss jede Inhaberfamilie heute selbst entscheiden. Eine quasiautomatische Begrenzung auf »eheliche leibliche Abkömmlinge« – das war einmal.

## Wer gehört sonst noch zur Inhaberfamilie?

Zur Unternehmerfamilie gehören aber nicht nur die Inhaber selbst. Die Kinder und Partner der Inhaber sind Teil der Familie. Zur Unternehmerfamilie gehören sie damit allerdings noch nicht. Wer neben den Inhabern sonst noch zur Inhaberfamilie gehört, muss jede Familie für sich festlegen. Auch das ist inzwischen nicht mehr einfach. Ebenso wie die Vorstellung davon, wer Inhaber sein kann, unterliegt auch die Einstellung zu den von außen hinzukommenden Partnern der Inhaber der Veränderung. Die exkludierende Gleichung »Inlaws = Outlaws« gilt nicht mehr. Die neuen Verhältnisse sind komplexer. Zum einen werden Partner heutzutage nicht mehr nur als potenzielle Gefahrenquelle für den Familienfrieden, sondern auch als Unterstützung, Bereicherung und Miterzieher der nächsten Generation gesehen. Andererseits wird ihre Einbeziehung durch die zunehmende Instabilität der Partnerschaften erschwert – insbesondere dann, wenn es um Angelegenheiten mit Geheimhaltungsbedarf geht. Jede Familie muss hier ihren eigenen Weg zwischen Inklusion und Exklusion finden. Grund genug, möglichst genau festzulegen, wer zur Unternehmerfamilie gehört und wer nicht.

Dann gilt es klarzumachen, welche Rechte und Pflichten mit dem jeweiligen Status verbunden sind. Die Mitglieder der Inhaberfamilie haben in Bezug auf das Unternehmen weniger Rechte und Pflichten als die Inhaber. Aber nur wenn klar ist, wozu sie berechtigt sind und was von ihnen erwartet wird, können sie zu wertvollen Unterstützern des gemeinsamen Projektes heranwachsen.

## Familien- oder Stammeslogik?

Beantwortet werden muss zu guter Letzt noch die Frage, ob sich die Gesellschafter und Familienmitglieder als eine Gesamtfamilie verstehen oder in Stammeslogiken denken und handeln.

Stammeslogiken waren im patriarchalischen Zeitalter beliebt, weil die Zusammenfassung der Gesellschafter in überschaubaren Stämmen eine effizient-autoritäre Führung erleichtert, das in der Geschwistergesellschaft entstandene Gleichgewicht perpetuiert und die Stammeslogik damit – zumindest in der autoritären Logik – als konfliktreduzierend wahrgenommen wird. Stammeslogiken entstehen in der Regel beim Übergang von der Geschwistergesellschaft zum Vetternkonsortium und haben Bedeutung vor allem beim Abstimmungsverhalten, bei der Vergabe von Gremienpositionen sowie bei der freien Übertragbarkeit von Anteilen.

Inzwischen sind sie auf dem Rückzug. Vor allem die junge Generation kritisiert die mit der Stammesbindung verbundene Machtkonzentration in den Händen weniger und die gleichzeitige Entfernung und Entfremdung aller Übrigen vom Unternehmen, die Vergabe wichtiger Positionen nach Proporz statt nach Leistungskriterien, die zusätzliche Einschränkung der Übertragbarkeit der Anteile auf Mitglieder des eigenen Stammes sowie das aus Sicht der Unternehmerfamilie schädliche Denken in Stämmen überhaupt.

Schon diese überaus knappe Zusammenfassung der wichtigsten Argumente macht deutlich, wie sensibel der Umgang mit dieser Frage in vielen Familienunternehmen ist, vor allem in jenen, die sich im Übergang vom patriarchalischen ins post-patriarchalische Zeitalter befinden. Ihre Behandlung bedarf deshalb einer großen Achtsamkeit, eines umfassenden Austauschs sowie einer fairen Abwägung aller Argumente und Konsequenzen.

## SELBSTVERSTÄNDNIS

Auf dem Höhepunkt der Finanzkrise 2009 wählte der amerikanische Präsident starke Worte. »Our challenges may be new. The instruments with which we meet them may be new. But those values upon which our success depends – honesty and hard work, courage and fair play, tolerance and curiosity, loyalty and patriotism – these things are old. These things are true.«[4] Barack Obama wusste, was er tat. Dem Präsidenten war bewusst, dass die Bewältigung der Krise den Amerikanern eine außergewöhnliche Kraftanstrengung abverlangen würde. Deshalb appellierte er an die gemeinsame Identität und beschwor die Werte und Tugenden, die Amerika zur führenden Macht der Welt hatten werden lassen.

Zu Recht. Die Zugehörigkeit zu einer Gemeinschaft hat für ihre Mitglieder nicht nur Vorteile, sie verlangt auch Opfer. Regeln müssen eingehalten, Beiträge geleistet und Sanktionen für Fehlverhalten akzeptiert werden. Die damit verbundene Beschränkung individueller Freiheit wirkt belastend und wird nur ungern akzeptiert. Um Erfolg zu haben, benötigen Gemeinschaften deshalb eine starke Identität. Diese muss für die Mitglieder so attraktiv sein, dass sie bereit sind, ihre individuellen Interessen zumindest partiell für die Mitgliedschaft in der Gemeinschaft und die damit verbundenen Rechte und Pflichten zurückzustellen. Die Konsequenz liegt auf der Hand. Je attraktiver das Identifikationsangebot der Gemeinschaft ist, desto besser sind ihre Aussichten im Wettbewerb. Starke Gemeinschaftsidentitäten bündeln die Energien der Mitglieder und geben ihrem Tun Orientierung. So entsteht gemeinsam mehr, als der Einzelne allein vermag. Diese Logik gilt auch für Familienunternehmen und ihre Inhaber. Auch sie sind Gemeinschaften und brauchen eine gemeinschaftliche Identität, um das langfristige Überleben zu sichern. Die hier interessierende Frage ist deshalb nicht: Brauchen Unternehmerfamilien eine Identität? Sondern: Von welcher Beschaffenheit muss diese Identität sein, um erfolgsfördernd wirken zu können?

Deshalb steht die Entwicklung einer gemeinsamen Identität im Zentrum jeder Inhaberstrategie. Eine gemeinsame Vision und Mission sowie gemeinsame Werte und Ziele bilden den Kern dieser Identität. Sie konkretisieren das unternehmerische Selbstverständnis der Familie im Hinblick auf die familiäre Inhaberschaft, das der Familie gehörende Unternehmen und die Familie, die das Unternehmen betreibt.

## Eine gemeinsame Vision und Mission

Am Anfang solcher Überlegungen muss die Frage stehen: Warum machen wir das eigentlich? Für den Gründer ist diese Frage eine Selbstverständlichkeit, für spätere Generationen keineswegs. Eine Familie muss ein Unternehmen nicht dauerhaft gemeinsam besitzen. Und sie muss auch nicht als Familie zusammenbleiben. Im postpatriarchalischen Zeitalter sind Verkauf und Trennung realistische Alternativen. Umso wichtiger ist es, dass sich jede Unternehmerfamilie immer wieder aufs Neue folgende Fragen stellt:

- Wollen wir gemeinsam ein Familienunternehmen betreiben?
- Warum eigentlich? Was ist der Sinn und Zweck dieser Unternehmung?
- Wie sieht für uns ein anstrebenswertes und zugleich realistisches Idealbild von unserem Unternehmen und unserer Familie aus?

Dabei sollte nicht nur das Wollen, sondern auch das eigene Können in Betracht gezogen werden. Der verstorbene Bertelsmann-Patriarch Reinhard Mohn war da durchaus kritisch: »Ich habe mir sehr wohl Gedanken gemacht, ob eine Familie weiter als Träger eines Unternehmens auftreten kann. […] Das geht nicht. Man muss es klipp und klar sagen: Das ist eine schlimme Sackgasse,«[5] hat Mohn mehr als einmal betont. Auch wenn ich Reinhard Mohn nicht zustimmen möchte: Eine verantwortungsvoll handelnde Unternehmerfamilie muss sich immer wieder die Frage stellen, ob sie über den Willen und die Fähigkeiten verfügt, die erforderlich sind, um als dominanter Inhaber eines Unternehmens aufzutreten.

Wird der Wille zur Aufrechterhaltung der dominanten Inhaberschaft bekräftigt, sollten die Inhaber Klarheit darüber gewinnen, was das genau für sie bedeutet. Je kraftvoller und emotionaler dies geschieht, desto besser. Die Menschen in den USA eint der »American Dream«, das gemeinsame individuelle Streben nach Glück und Erfolg und der Glaube, dass alles möglich ist. Den FC Bayern München eint das kraftvolle »Mia san mia« und Borussia Dortmund der Traum, dass auch der »kleine Mann« in einer starken Gruppe viel erreichen kann. Auf diese Weise entsteht ein Humus gemeinschaftlicher Energie, der

Grundlage für große Erfolge sein kann. Unternehmerfamilien kann Ähnliches gelingen. Die Formulierung eines gemeinschaftlichen Auftrages hat das Potenzial, aus einer durch den Zufall der Verwandtschaft begründeten Zwangsgemeinschaft eine kraftvolle »Wahlverwandtschaft« zu machen. Und wenn nicht, kann man zumindest anständig auseinandergehen.

## Ziele und Werte für die familiäre Inhaberschaft

Sind Vision und Mission bildhaft beschrieben, gilt es, sie mithilfe von Zielen und Werten weiter zu konkretisieren. Dabei geht es zunächst um die familiäre Inhaberschaft, denn aufgrund ihres dominanten Charakters berechtigt und verpflichtet sie die Familie zugleich. Das führt zu wichtigen Folgefragen:

- Was wollen wir mit unserer dominanten Inhaberstellung im Unternehmen anfangen?
- Was wollen wir erreichen?
- Von welchen Grundwerten wollen wir uns dabei leiten lassen?

In diesem Zusammenhang ist auch die Frage von Bedeutung, wie sich Unternehmensinteressen, Familieninteressen und die Individualinteressen der einzelnen Familienmitglieder zueinander verhalten. Sie wird häufig unter der auf Konrad Henkel zurückgehenden plakativen Formel »Firma geht vor« erörtert. Dabei beschreibt dieser Satz zunächst einmal nur eine Selbstverständlichkeit. Jede Gemeinschaft kann nur erfolgreich sein, wenn ihre Mitglieder im Kollisionsfall den Vorrang des Gemeinschaftsinteresses vor ihrem Individualinteresse anerkennen. Weitaus spannender ist die Frage, wo die Grenzen eines solchen Vorranges verlaufen und ob dem Unternehmensinteresse auch dann noch ein Vorrang einzuräumen ist, wenn die Interessen des gemeinschaftlichen Unternehmens mit Interessen der Familiengemeinschaft insgesamt kollidieren. Diese Frage ist weit weniger eindeutig zu beantworten. Eine Familie, die ein Unternehmen betreibt, ist in zwei Welten tätig und muss versuchen, deren Anforderungen miteinander zu versöhnen. Zu große familiäre Erwartungen schwächen das Unternehmen in seinem Selbstbehauptungskampf. Inhaberfamilien, die diese Zusammenhänge verleugnen, laufen Gefahr, das Unternehmen und ihren Status als Unternehmerfamilie zu verlieren. Andererseits benötigt das Familienunternehmen den Rückhalt durch eine starke Inhaberfamilie, die den Willen hat, die familiäre Inhaberschaft über das Unternehmen aufrechtzuerhalten. Diesen Willen wird die Familie nur behalten, wenn auch die familiären Erwartungen nicht vollends durch objektivierbare Belange des Unternehmens verdrängt werden. Es ist daher wichtig, familiäre Interessen und Unternehmensinteressen sauber gegeneinander abzugrenzen und gemeinsam festzulegen, welchem Interesse in welchem Zusammenhang der Vorrang gebührt.

Und noch etwas sollte unbedingt erörtert und mit einem klaren Bekenntnis abgeschlossen werden. Die ererbte Eigentumsstellung an einem Familienunternehmen ist ein besonderes »Ding«. Zumindest in moralischer Hinsicht handelt es sich um eine »Inhaberstellung minderer Art«, die mehr dem vorindustriellen »patrimonium« ähnelt als dem zivilrechtlichen Herrschaftseigentum. Inhaber von Familienunternehmen fühlen sich meist als Glied einer Kette, ihren Eltern und Kindern gleichermaßen verpflichtet. Mit Folgen: »Ein Familienunternehmen ist wie ein Baum«, hat mir ein befreundeter Familienunternehmer einmal gesagt. »Jede Generation darf die Früchte ernten, allenfalls kranke Äste abschneiden, aber niemals Hand an den Stamm legen.« Im Gegenteil: Wenn die Zahl derer, die von den Früchten leben wollen, größer wird, muss die Familie den Baum hegen und pflegen und ebenfalls größer machen. Das ist ein hoher Anspruch. Und es schwingt berechtigter Stolz mit, wenn ein Unternehmer wie Christian Boehringer in einem Interview mit der Wochenzeitung *Die Zeit* feststellt: »Bisher konnte jede Generation das Unternehmen in jeweils besserem Zustand übergeben, als sie es übernommen hatte.«[6] Vor diesem Hintergrund muss der Wertekatalog des Familienunternehmens ein möglichst konkretes Bekenntnis zu den mit der Inhaberschaft verbundenen Verpflichtungen, aber auch zu den diesbezüglichen Erwartungen der Inhaber enthalten.

Und das nicht allein in ökonomischer Hinsicht. Im Familienunternehmen spielt auch der emotionale Wert der Inhaberschaft eine große Rolle. »Es sind nicht die Dividenden, es sind die Emotionen«, hat der Familienunternehmer Jürgen Heraeus die Bedeutung des Emotional Value für den Erhalt eines Familienunternehmens treffend zusammengefasst.[7] In der Tat: Mit dem ökonomischen Nutzen allein lässt sich die Begeisterung vieler Inhaber für ihr Familienunternehmen nicht begründen. Dafür sind die Einschränkungen, die der durchschnittliche Inhaber eines Familienunternehmens bei Dividende und Fungibilität hinnehmen muss, zu groß. Als Ausgleich für den ökonomischen Verzicht gewähren Familienunternehmen ihren Inhabern auch eine emotionale Dividende, die sich in Dimensionen wie Stolz auf das Unternehmen, sein Produkt oder seine Marke, die mit der Inhaberstellung verknüpfte Reputation oder Ähnlichem manifestiert. Welchen emotionalen Wert das Familienunternehmen seinen Inhabern vermitteln will und wie sich ökonomischer und emotionaler Wert zueinander verhalten, sollte deshalb ebenfalls im Wertekatalog festgehalten werden.

## Ziele und Werte für das Familienunternehmen

Darüber hinaus müssen die Inhaber festlegen, welchen Werten und Zielen sie sich mit Blick auf ihr Familienunternehmen verpflichtet fühlen. Dies fordert der Governance Kodex für Familienunternehmen ausdrücklich.[8] Dass diese Ziele und Werte eng mit der spezifischen Charakteristik des Familienunternehmens verbunden sind, versteht sich von selbst. Wer den Bestand des Unternehmens als Familienunternehmen zur obersten Maxime erhebt, dem muss die Sicherung der unternehmerischen Unabhängigkeit ein zentrales Anliegen bei der Führung des Unternehmens sein. Und wer ein generationsübergreifendes Unternehmerverständnis verfolgt, der sollte sicherstellen, dass sich sein Unternehmen auf eine entsprechend langfristige Ausrichtung verpflichtet.

Gut geführte Familienunternehmen verkörpern einen sozial verantwortungsbewussten Kapitalismus und bieten die vielleicht bestmögliche Antwort auf die gesellschaftspolitischen Herausforderungen unserer Zeit. Ein klares Bekenntnis, wie es um die eigene Haltung zu dieser wichtigen Grundfrage bestellt ist, darf deshalb im Ziel- und Wertekatalog des Familienunternehmens nicht fehlen.

In engem Zusammenhang mit der Erkenntnis, dass sich der Wert der Inhaberschaft im Familienunternehmen oft nicht nur ökonomisch manifestiert, steht auch die Feststellung, dass Geldverdienen in vielen Familienunternehmen nicht an oberster Stelle steht. Nicht selten ist der langfristige Erhalt des Unternehmens in Familienbesitz oder die Umsetzung einer unternehmerischen Idee wichtiger als der schnelle Euro. »Mir arbeitet net für de schnelle Gewinn«, hat der schwäbische Unternehmer Arthur Handtmann in einem Interview mit der *Zeit* stellvertretend für viele festgestellt.[9] Noch deutlicher hat es Ikea-Gründer Ingvar Kamprad formuliert: »Geld kann man ja nicht essen. Wohlhabend zu werden, das ist eine Sache, aber die Triebfeder, ist die nicht, das zu verwirklichen, wovon du geträumt hast? Und etwas tun zu können für Vater, für Mutter, für dich selbst oder sonst jemand, der dir etwas bedeutet?« Lägen die Dinge anders, würden die meisten Familienunternehmer sich wohl eher als Investmentbanker betätigen, als Orgeln zu bauen oder Buchverlage zu betreiben. Um schnell reich zu werden, gibt es häufig bessere Alternativen. Wer Familienunternehmer verstehen will, muss wissen, dass es ihnen häufig darum geht, sich selbst zu verwirklichen und eine Idee zu realisieren, von der sie überzeugt sind. Es ist wichtig, dass diese nicht monetären Zielsetzungen allen Beteiligten bewusst sind und sauber gegeneinander abgewogen werden.

Jede Unternehmerfamilie muss ihre eigene Balance zwischen Ökonomie und Emotion, zwischen Wert- und Werteorientierung, finden. Gelingt dies gut, legt sie den Grundstein zu einer starken, mitunter einzigartigen Unternehmenskultur, die von ihrem Unternehmen als Vorteil im Wettbewerb genutzt werden kann.

## Ziele und Werte für die Unternehmerfamilie

Zu guter Letzt: Auch die Unternehmerfamilie braucht Ziele und Werte. Denn Unternehmerfamilien sind keine normalen Familien. Mit der Inhaberschaft an einem Unternehmen sind Vorzüge und Herausforderungen verbunden, die bewusst und gewollt sein müssen, wenn das gemeinsame Projekt gelingen soll. Welche Konsequenzen ergeben sich aus der Inhaberschaft an einem Unternehmen für die Familie und ihre Mitglieder? Commitment zum gemeinsamen Projekt und die Pflege des Zusammenhaltes innerhalb der Unternehmerfamilie sind in diesem Zusammenhang häufig anzutreffende Familienwerte. Doch auch die Grenzen dieser Verpflichtungen wollen ausgelotet sein. Wo verläuft eine sinnvolle Grenze zwischen kollektiver Verpflichtung und individuellem Freiraum? Zu viel Gemeinsamkeit kann ebenso schädlich sein wie zu wenig.

Kritisch wird es auch, wenn der »Firma geht vor«-Ansatz zu weit in die Familiensphäre hineingetragen wird. Familien, die allzu stark nach einem auf das Unternehmen bezogenen Leistungsprinzip funktionieren, produzieren häufig das Phänomen des »schwarzen Schafes«, des familiären Außenseiters, der die unternehmensdominierte Familienkultur entweder offensiv ablehnt oder an ihr zerbricht. Das spezifische Selbstverständnis vieler Unternehmerfamilien bringt nicht nur Erfolg, sondern auch ein gerüttelt Maß an Leid über ihre Angehörigen. Destruktion und Autodestruktion gehören zur Unternehmerfamilie wie das Amen in der Kirche.

Ein besonders dramatisches Beispiel einer solchen Fehlentwicklung ist das Schicksal der österreichischen Industriellenfamilie Wittgenstein. Karl Wittgenstein (1847–1913) war einer der größten Unternehmer seiner Zeit; der Stahl- und Finanzunternehmer galt als »Krupp Österreichs«. Doch obwohl – oder vielleicht auch weil – der Patriarch in seiner Familie ein strenges Regime führte und abweichende Neigungen bereits im Ansatz unterdrückte, fand sich unter seinen Kindern keines, das bereit oder in der Lage gewesen wäre, seine Nachfolge anzutreten. Zwei der drei Töchter heirateten zwar standesgemäß, doch ohne Fortune; ihre Ehemänner endeten in Krankheit oder durch Tod von eigener Hand. Von den fünf Söhnen Karl Wittgensteins begingen drei Selbstmord; lediglich die beiden jüngsten machten glänzende Karrieren. Paul Wittgenstein avancierte zum gefeierten Konzertpianisten, obwohl er im Ersten Weltkrieg seinen rechten Arm verlor, und Ludwig Wittgenstein wurde zu einem der berühmtesten Philosophen des 20. Jahrhunderts. Grandiosität oder Selbstauslöschung – einen anderen Ausweg scheint die Familienkultur der Wittgensteins ihren Mitgliedern nicht gelassen zu haben. Geschichten wie diese sollten Anlass sein, im Rahmen der Inhaberstrategie auch die Frage zu erörtern, wieviel »Firma« die Familie braucht und wie viel ihr guttut.

Beantwortet werden muss auch die Frage, welche Kultur in der Inhaberfamilie Gültigkeit haben soll. Das bürgerliche Familienunternehmen basierte auf einem patriarchalisch geprägten Machtverständnis, dessen Grundlage ein auf Tradition und Autorität gestützter Folgeanspruch war. Der Patriarch bestimmte, und wer sich ihm widersetzte, hatte mit vom System akzeptierten Sanktionen zu rechnen. Mit dem Ende der Dominanz der bürgerlichen Familie und der mit ihr verbundenen Machtstrukturen ist dieses Verständnis ins Wanken geraten. Patriarchalische Autorität ist längst keine Selbstverständlichkeit mehr. Heutzutage muss jede Inhaberfamilie individuell entscheiden, ob sie ihre Verhältnisse mehr nach Macht- oder nach Konsensgesichtspunkten ordnen will.

Schließlich sollte die Inhaberfamilie noch festlegen, wie sie außerhalb des durch das Unternehmen geprägten Bereiches miteinander umgehen will. Auch eine Inhaberfamilie ist mehr als nur eine Zweckgemeinschaft zur Verfolgung eines gemeinsamen unternehmerischen Interesses. Welche Wertvorstellungen sollen den gemeinsamen Umgang miteinander prägen? Inwieweit sollen familiäre Werte wie Solidarität und Gleichbehandlungserwartung das familiäre Miteinander prägen?

Auf all diese Fragen muss jede Inhaberfamilie ihre eigenen Antworten geben. Für die Identitätsbestimmung von Inhaberfamilien gibt es keine Blaupausen. Die individuell richtige Lösung hängt von vielen Einflussfaktoren ab. Familiendynastien benötigen andere Werte als Geschwistergesellschaften. Fokussierte Familienunternehmen müssen ihre Schwerpunkte anders setzen als diversifizierte, und Unternehmen mit einer Familienführung können nicht mit der gleichen Elle gemessen werden wie Unternehmen mit einem externen Management. Kleine Unternehmen brauchen andere Lösungen als große, und auch die durch die Geschichte geprägten Kulturen des Unternehmens und der Familie dürfen bei der Suche nach der richtigen Identität nicht vernachlässigt werden. Die Arbeit lohnt sich. Denn die Festlegung der Wert- und Zielvorstellungen für Familie und Unternehmen ist der Kern jeder Inhaberstrategie. Wie in einem genetischen Code lassen sich in ihm die Grundelemente unternehmerischer Einzigartigkeit festhalten und vererbbar machen.

# INHABERSTRATEGISCHE AUSRICHTUNG

Im dritten »Zimmer« des Inhaberstrategie-Hauses beschäftigen wir uns mit der strategischen Ausrichtung der unternehmerischen Aktivitäten. Je eindeutiger die Festlegung der inhaberstrategischen Ziele und Werte, desto einfacher sollte es sein, daraus nun die richtigen Schlussfolgerungen für ihre Umsetzung in unternehmerisches Tun zu ziehen.

## Inhaberstrategische Grundausrichtung

Ein zentraler Aspekt sollte ein gemeinsames Verständnis über die inhaberstrategische Grundausrichtung sein. Unternehmerische Tätigkeit beinhaltet überdurchschnittliche Chancen, aber auch große Risiken. Für den Gründer stellt sich die Frage nach dem richtigen Umgang mit unternehmerischen Risiken nicht; er muss Risiken eingehen, wenn er sein junges Unternehmen zum Erfolg führen will. Aber mit zunehmendem Alter des Unternehmens und Fortgang in der Generationenfolge tritt das Thema Risiko im Familienunternehmen stärker in den Fokus. Vor allem die nicht im Unternehmen tätigen Inhaber, die auf die Unternehmensentwicklung keinen Einfluss haben, stellen zunehmend drängend die Frage, wie sich das Ererbte gegen Vermögensverlust sichern lässt.

Diese Frage ist nicht unberechtigt, vor allem im fokussierten Familienunternehmen. Eine Fokussierungsstrategie bietet zwar kurzfristig die besten Rendite- und Wertsteigerungsperspektiven. Im Sinne einer generationsübergreifenden Vermögenssicherung ist die »Alle Eier in einem Korb«-Strategie jedoch nicht ungefährlich. Inhaber von fokussierten Familienunternehmen sollten deshalb gemeinsam festlegen, wie sie mit diesem Risiko umgehen wollen.

Die zur Verfügung stehenden Möglichkeiten sind vielfältig. Die Wahl von Märkten mit geringem Bedrohungspotenzial, der Verkauf oder auch rechtzeitige Umstieg in ein neues Geschäftsfeld oder eine unternehmerische Diversifikation sind mögliche Risikobegrenzungsstrategien auf Unternehmensebene. Wachsender Beliebtheit erfreut sich auch die gemeinsame Diversifikation auf Vermögensebene. Dabei wird ein verzichtbarer Teil der im Unternehmen erwirtschafteten Mittel entnommen und in ein gemeinsames Vermögensverwaltungsvehikel investiert. Etliche erfolgreiche Unternehmerfamilien betreiben inzwischen solche Investmentvehikel neben ihrer unternehmerischen Kernaktivität. Zu guter Letzt besteht auch die Möglichkeit, die Diversifikation nicht gemeinsam durchzuführen, sondern den einzelnen Familienmitgliedern zu überlassen. Voraussetzung dafür ist die bewusste Entscheidung, einen Teil des Ertrages oder Wertes des gemeinsamen Familienunternehmens auszuschütten und den Inhabern für ihre individuelle Diversifikationsstrategie zur Verfügung zu stellen.

Die in diesem Zusammenhang zu treffenden Entscheidungen benötigen hohen Sachverstand und viel Fingerspitzengefühl. Unterschiedliche Interessen auf Unternehmens- und Inhaberseite müssen in einen angemessenen und akzeptierten Ausgleich gebracht werden. Das ist nicht so einfach. Wichtig ist, dass am Ende eine verantwortliche und belastbare Übereinkunft der Inhaber steht – nicht nur über die einzuschlagende Richtung, sondern auch über die sich daraus ergebenden Konsequenzen.

In diversifizierten Familienunternehmen und Family Investment Offices stellt sich die Frage nach der Beherrschung des mit der Fokussierung verbundenen Klumpenrisikos nicht. Bei ihnen ist die Risikodiversifizierung Programm. Risikolos sind diese beiden Formen unternehmerischer Betätigung damit noch lange nicht. Denn das Management eines Portfolios ist eine komplexe Aufgabe. Klare Vorgaben für eine überzeugende Portfoliostrategie und ein professionelles Portfoliomanagement sind deshalb unverzichtbare Bausteine einer Inhaberstrategie in diversifizierten Familienunternehmen und Family Investment Offices.

Zur Vermögensvernichtung führende Risiken stammen übrigens nicht nur aus der Umwelt- und Unternehmenssphäre. Auch die Inhaber selbst können ein Risiko darstellen. Damit ist an dieser Stelle einmal nicht die Gefahr von Machtmissbrauch oder Konflikten gemeint. Auf diese Risiken werde ich im Zusammenhang mit der Governance ausführlich eingehen.

Das Risiko, um das es mir hier geht, ist die fehlende Kompetenz der Inhaber für die angestrebte oder betriebene unternehmerische Tätigkeit. Mehr als nur ein Familienunternehmen ist zugrunde gegangen, weil die Inhaber die mit der betreffenden unternehmerischen Tätigkeit verbundenen Fragestellungen nicht mehr beherrschten oder überschauten. Das traurige Schicksal der Madeleine Schickedanz ist keineswegs ein Einzelfall.

Unternehmertum oder die zur Ausfüllung der Führungs- und Kontrollaufgabe notwendigen Fähigkeiten lassen sich nicht vererben; sie müssen erworben werden. Es genügt nicht, dass eine Inhaberfamilie ein Unternehmen zum Erfolg führen will; sie muss es auch können. Bei der Entscheidung für eine gemeinsame unternehmerische Tätigkeit sollte deshalb nicht nur gefragt werden: Was wollen wir? Beinahe noch wichtiger ist die Frage:

Was können wir? Es gibt für jede Inhaberfamilie das passende Investment. Dieses zu bestimmen, setzt selbstkritische Reflektion voraus. Die Inhaberstrategie ist der richtige Ort dafür.

## Die Grundsätze der Geschäftspolitik bestimmen

In einem weiteren Schritt sollten verlässliche strukturelle Vorgaben für die Unternehmensführung entwickelt werden. Um nicht missverstanden zu werden: Strategieentwicklung und Umsetzung sind Sache des Managements und nicht Aufgabe der Inhaber. Aber es gehört zur normsetzenden Kompetenz der Inhaberrolle, den Rahmen festzulegen, innerhalb dessen das Management den vorgegebenen Auftrag erfüllen kann.

Wenn bei der Beschreibung der Identität der Erhalt der Unabhängigkeit des Familienunternehmens als wichtiges Ziel genannt wird, dann gilt es jetzt festzulegen, was das, zum Beispiel in Bezug auf finanzielle Stabilitätskennziffern oder das Verhältnis von Stabilität, Rentabilität und Wachstum, konkret bedeutet. Wenn wir uns ein erfolgreiches Familienunternehmen wünschen, dann sollten wir unsere Anforderungen an Rentabilität und Wachstum zumindest so weit konkretisieren, dass die Unternehmensführung weiß, was von ihr erwartet wird. Und wenn wir den Mitarbeiter in den Mittelpunkt stellen wollen, dann sollten wir auch sagen, welche Dos and Don'ts im unternehmerischen Tun damit verbunden sind.

Die Schaffung eines plausiblen Handlungsrahmens zu Fragen der Strategie, Finanzierung und Kultur ist nicht nur das Recht, sondern auch eine Pflicht der Inhaber eines Familienunternehmens. Wenn es Vorgaben gibt, etwa Wachstum nicht durch Zukauf oder Fusionen, sondern allein aus eigener Kraft zu suchen, oder sich nicht durch Kreditaufnahme, sondern aus dem erwirtschafteten Cashflow zu finanzieren, dann ist jetzt die Zeit und der Ort, diese festzulegen.

Das gilt übrigens nicht nur mit Blick auf den ökonomischen, sondern auch auf den emotionalen Wert des Familienunternehmens. Wenn Faktoren wie Stolz, Reputation, Zugehörigkeit, Mitwirkung oder gar Selbstverwirklichung zur Identität der Inhaberfamilie gehören, dann gehört es auch zu den Pflichten der Inhaber, festzulegen, wie bedeutsam diese sind und welche Konsequenzen sich daraus – insbesondere im Konfliktfall mit den ökonomischen Interessen – ergeben.

Das Management des Unternehmens wird und muss für derlei Festlegungen – wenn sie denn professionell und nicht naiv erfolgen – dankbar sein, geben sie ihm doch eine klare Orientierung, schützen vor Inhaberwillkür, machen Erfolge und Misserfolge besser messbar und erlauben zu guter Letzt eine qualifizierte Einschätzung, ob man in einem solchen Unternehmen als Manager am rechten Ort ist.

## STRUKTUREN UND REGELN FÜR DAS UNTERNEHMEN

Sind die inhaberstrategische Grundausrichtung und die Grundsätze der Geschäftspolitik bestimmt, ist es Zeit, dem Unternehmen einen strukturellen Rahmen zu geben. Dieser muss nicht nur den allgemeinen Prinzipien von Professional Ownership und Fair Process gerecht werden, sondern auch so ausgestaltet sein, dass er die Erreichung der vereinbarten Ziele und Strategien bestmöglich fördert.

## Geeignete Unternehmensstrukturen schaffen

Zu den zentralen Pflichten der Inhaber in diesem Zusammenhang gehört es, für die Schaffung geeigneter Unternehmensstrukturen zu sorgen. Insbesondere in größeren Familienunternehmen steht die Frage zur Entscheidung an, ob eine Stammhaus- oder eine Holding-Organisation gewählt werden soll, ob alles auf eine Spitze zuläuft oder mehrere Parallelstränge gebildet werden und wie internationale Aktivitäten unter Berücksichtigung betriebswirtschaftlicher, rechtlicher und steuerlicher Aspekte bestmöglich aufgestellt werden. Auch die Frage, in welcher Rechtsform die einzelnen Gesellschaften, insbesondere die Obergesellschaft(en), betrieben werden, ist von Bedeutung und muss entschieden werden.

Die Inhaber können und sollten zur Beantwortung dieser Fragen die Hilfe sachkundiger Fachleute in Anspruch nehmen, die ihre Entscheidungen vorbereiten und umsetzen. Aber es liegt an ihnen, den Fachleuten klare Vorgaben zu geben und festzulegen, welche Kriterien ihnen bei der Entscheidung wichtig sind und in welcher Hierarchie sie zueinander stehen.

Hier sind wichtige Grundsatzentscheidungen zu treffen: Welchen Stellenwert haben die Vermeidung von Haftungen, Publizität und Mitbestimmung oder die steuerlich optimierte Gestaltung der Unternehmensstrukturen für die Inhaber? Und wie verhalten sie sich zu den betriebswirtschaftlichen Geboten der Einfachheit, Transparenz und Steuerbarkeit? Steuerliche Optimierung mag ein berechtigtes Anliegen sein, aber der Grundsatz »nicht nach Steuern zu steuern« sollte nicht verletzt werden. Man kann das nicht oft genug betonen. Denn nicht wenige Inhaber schaffen im Steuervermeidungswahn Unternehmensstrukturen, die kaum oder gar nicht mehr steuerbar sind. Die

Sicherung des betriebswirtschaftlichen Erfolges muss an oberster Stelle stehen, wenn das Ziel einer langfristigen Unternehmenssicherung erreicht werden soll. Hier ist der Ort, das klar auszusprechen und die sich ergebenden Konsequenzen aufzuzeigen.

## Die Art der familiären Einflussnahme auf das Unternehmen festlegen

Als Nächstes muss die Familie entscheiden, auf welche Weise sie ihren Einfluss in ihrem Unternehmen zur Geltung bringen möchte. Will sie es selbst führen und in der Geschäftsführung oder im Vorstand mitwirken, im Zweifel sogar als CEO? Oder beschränkt sie sich auf eine aktive Steuerungsfunktion aus einem Beirat, Aufsichtsrat oder Verwaltungsrat? Und wie gestalten wir die gewählte Rolle so aus, dass sie eine Führung im Interesse der Inhaber bestmöglich gewährleistet? Dass sich die Familie dabei nicht nur an ihrem Wollen, sondern ebenso auch an ihrem Können orientieren sollte, habe ich weiter oben bereits betont.

Keine Frage: Ein Inhaber an der Unternehmensspitze hat gewichtige Vorzüge. Er verfügt über einen Inhaberbonus beim Aufbau von Vertrauenskapital, gewährleistet Interessenidentität zwischen Inhabern und Management und sieht in der Führung des Familienunternehmens in der Regel eine Lebensaufgabe. Dennoch gebietet Professional Ownership einen Verzicht auf das Führungsamt in all jenen Fällen, in denen kein Familienmitglied zur Verfügung steht, das über die erforderlichen Fähigkeiten zur Führung des Unternehmens verfügt. Oder wenn seine Berufung innerhalb der Inhaberfamilie zu ernsten Konflikten führen würde. Ein Familienmitglied an der Spitze braucht adäquate Fähigkeiten und das Vertrauen seiner Mitinhaber. Wenn beides vorhanden ist, ist das familiengeführte Familienunternehmen die erste Wahl.

Und wenn nicht, stehen attraktive Alternativen zur Verfügung. Vor allem in größeren Familienunternehmen entscheiden sich immer mehr Inhaberfamilien, die Führung familienfremden Personen anzuvertrauen und die notwendige Steuerung aus dem Kontrollorgan heraus wahrzunehmen. Die Entscheidung über den Mann oder die Frau an der Spitze ist die für den Unternehmenserfolg wichtigste Weichenstellung. Und die Wahrscheinlichkeit, dass der familiäre Genpool von Generation zu Generation einen neuen befähigten Unternehmensführer hervorbringt, ist begrenzt – vor allem mit wachsender Unternehmensgröße. Da ist es nur klug, sich nicht nur in der Familie, sondern im Gesamtmarkt umzusehen.

Hinzu kommen die Vorteile, die sich aus der Vermeidung innerfamiliärer Konflikte ergeben. Der Verzicht auf die Unterscheidung zwischen tätigen und nicht tätigen Inhabern reduziert das innerfamiliäre Konfliktpotenzial um Geld, Macht und Anerkennung erheblich. Das gilt übrigens nicht nur für die Frage des Zugangs zum Amt und dessen Ausübung, sondern ebenso auch für eine mögliche Abberufung. Familienunternehmen mit schwachen Familienmitgliedern an der Spitze befinden sich in einem Dilemma. Entweder sie riskieren Streit oder sie sehen der Vermögensvernichtung weiter tatenlos zu.

Allerdings hat auch familienfremdes Management nicht nur Vorteile. Das Familienunternehmen verliert die mit der Inhaberführung verbundenen Vorzüge und sieht sich erstmals mit dem Prinzipal-Agenten-Problem konfrontiert. Der von außen kommende Manager ist nicht automatisch ein Vertreter der Inhaber-

interessen, sondern verfolgt eigene, oft anders geartete Ziele.
Auch sieht er in der Tätigkeit für das Familienunternehmen in
der Regel nur eine temporäre Aufgabe. Das stellt die Inhaberfamilie vor völlig neue Fragen. Statt: Wie vermeiden wir Rivali-
tät und Interessenkonflikte unter den Inhabern, lautet die inhaberstrategische Aufgabenstellung jetzt: Wie finden wir eine
geeignete Persönlichkeit? Wie binden wir sie langfristig? Wie
begleiten und kontrollieren wir sie? Und wie stellen wir die
notwendige Interessenidentität zwischen ihr und uns her? Anforderungsprofile, die einen Schwerpunkt nicht nur auf die
fachliche und persönliche Eignung zur Führung legen, sondern
auch die Übereinstimmung mit den Zielen und Werten der Inhaber zum Maßstab machen, professionelle Governance-Sys-
teme, ein nicht nur sachlich, sondern auch persönlich positives
Grundverhältnis und Vergütungssysteme, die neben einer Teilhabe am kurzfristigen Erfolg auch die Partizipation an der langfristigen Unternehmensentwicklung vorsehen, stellen eine geeignete Antwort dar und sind im Rahmen der Inhaberstrategie
zu entwickeln.

Hinzu kommt, dass die Inhaber sich auf ihre neue Rolle ein-
stellen und für sie qualifizieren müssen. Steuerung aus dem
Kontrollorgan heraus bedeutet weder aktive Geschäftsführung
noch inaktive Gesellschafterrolle. Die Unterschiede herauszu-
arbeiten und ein Verständnis für die Rolle zu gewinnen, ist
Aufgabe der Inhaberstrategie. Die Rolle im Kontrollorgan ist
zwar eine andere als diejenige eines Geschäftsführers, Qualifikation verlangt aber auch sie. Ein Aufsichtsrat, Beirat oder Verwaltungsrat muss nicht operativ managen, aber er muss die
Richtung vorgeben, über die Strategie entscheiden und »den
Führer führen« – auch das will gekonnt sein.

Die Beschränkung auf eine reine Gesellschafterrolle hingegen, das möchte ich an dieser Stelle ausdrücklich betonen, ist keine taugliche Option. Wer die beiden entscheidenden Schaltstellen der Unternehmenssteuerung, Geschäftsführung und Kontrollorgan, Dritten überlassen muss, begibt sich in personelle Abhängigkeiten, die mit dem Gebot der Unabhängigkeit nicht vereinbar sind. Auch wenn es wehtut: Eine Familie, die den Willen oder die Fähigkeit verliert, ihr Unternehmen über Geschäftsführung und/oder Kontrollorgan zu steuern, muss ihr unternehmerisches Risiko begrenzen und über einen Verkauf oder Teilverkauf des Familienunternehmens nachdenken.

## Ein funktionierendes Governance-System schaffen

Hat die Familie entschieden, auf welche Art sie ihren Einfluss auf das Unternehmen organisieren will, muss sie als Nächstes ein auf diese Grundsatzentscheidung abgestimmtes Governance-System etablieren. Dieses sieht in einem inhaber- oder familiengeführten Familienunternehmen naturgemäß anders aus als in einem familienkontrollierten.

Ausgangspunkt der Corporate Governance ist die natürliche Kompetenzverteilung zwischen den drei Governance-Organen Inhaberversammlung (Gesellschafterversammlung, Hauptversammlung, Aktionärsversammlung), Kontrollorgan (Beirat, Aufsichtsrat, Verwaltungsrat) und Geschäftsführung beziehungsweise Vorstand. Die Inhaber sind die oberste Entscheidungsinstanz im Unternehmen. Der Inhaberversammlung stehen deshalb alle normativen Entscheidungen zu. Sie bestimmt, wer zum Kreis der Inhaber gehören darf, legt den gemeinsamen Auftrag sowie Ziele und Werte fest, trifft die inhaberstrategischen Grundsatzentscheidungen, beschließt die Grundsätze der

Geschäftspolitik und bestimmt die Unternehmens- und die Governance-Struktur. Sie entscheidet über Rechtsform und Gesellschaftsvertrag, über Kapitalmaßnahmen, über Jahresabschluss, Abschlussprüfer und Gewinnverwendung, über ein mögliches Kontrollorgan und dessen Mitglieder und manchmal auch über die Geschäftsführung.

Die Existenz eines Kontrollorgans ist in den meisten Familienunternehmen von der Entscheidung der Inhaberversammlung abhängig. Nur wenige Familienunternehmen sind kraft Rechtsform (zum Beispiel AG, KGaA, SE, mitbestimmte Unternehmen) zur Einrichtung eines Aufsichtsrates verpflichtet. In allen anderen Unternehmen wird ein Kontrollorgan nur gebildet, wenn die Gesellschafter dies wollen, und es wird nur mit den Kompetenzen ausgestattet, die sie ihm geben. Häufig berät und kontrolliert das Kontrollorgan die Geschäftsführung und hat zudem eine umfassende Personal- und Organisationskompetenz über diese. Zur Personalkompetenz gehören dann nicht nur Bestellung und Abberufung der Geschäftsführer, sondern auch die Anstellungsverträge und die Festlegung der Vergütung, die Entlastung und alle anderen Vereinbarungen mit ihnen. Zur Organisationskompetenz zählen die Regelung oder Mitwirkung an der Geschäftsordnung und der Geschäftsverteilung einschließlich der Entscheidung über einen Vorsitzenden oder Sprecher aus dem Geschäftsführerkreis. Beratung und Kontrolle umfassen alle Bereiche der Geschäftsführung, wobei das Kontrollorgan insbesondere in die Entwicklung und Umsetzung von Strategie und Planung sowie in Geschäftsführungsmaßnahmen von besonderer Bedeutung eingebunden wird. Diese Einbindung wird über zustimmungspflichtige Geschäftsführungsmaßnahmen und Berichtspflichten institutionell abgesichert.

Die Führung des Unternehmens ist Aufgabe der Geschäftsführung. Zu ihr gehören nicht nur alle operativen Entscheidungen und Umsetzungsmaßnahmen, sondern auch die Entwicklung der in der Regel mit dem Kontrollorgan abzustimmenden Strategie und Planung.

Im Rahmen der Inhaberstrategie ist zu erörtern, inwieweit diese allgemeine Kompetenzverteilung vor dem Hintergrund der von den Inhabern getroffenen Vorentscheidungen zu Auftrag, Zielen, Werten, inhaberstrategischem Rahmen und zur Rolle der Gesellschafter im Unternehmen modifiziert werden kann oder sogar muss. Im Mittelpunkt steht dabei häufig die Kompetenzabgrenzung zwischen Kontrollorgan und Geschäftsführung sowie die Ausgestaltung des Kontrollorgans selbst. Vor allem dann, wenn die Inhaber die Führung der Geschäfte an Dritte delegieren, wird ein aktiver, mit weitreichenden Kompetenzen ausgestatteter Zuschnitt für das Kontrollorgan gewählt, der sich oft eher am angelsächsischen Board-System oder Schweizer Verwaltungsrat als am deutschen Aufsichtsratsmodell orientiert.

Der rechtliche Rahmen für diese Strukturentscheidungen ist in den meisten Fällen weit gesteckt, die Gestaltungsfreiheit groß. Dementsprechend hoch ist die Verantwortung der Inhaber. Ihre Wahrnehmung sollte sich an einer realistischen Einschätzung der eigenen Möglichkeiten, an den Grundsätzen von Professional Ownership und Fair Process sowie an den Handlungsempfehlungen des Governance Kodex für Familienunternehmen orientieren.

Neben der Kompetenzverteilung auf die einzelnen Organe sind Regeln für ihre personelle Zusammensetzung, Anforderungsprofile für ihre Mitglieder und deren Vergütung sowie Regeln zur Entscheidungsfindung und für die organisatorischen

Abläufe zu treffen. Dabei sollten die Inhaber explizit zu der Frage Stellung nehmen, ob für Familienmitglieder Sonderregelungen gelten oder ob sie ebenso wie die Externen behandelt werden. Geregelt werden sollte auch, welche Fragen in den einzelnen Governance-Organen mit einfacher und welche mit einer qualifizierten Mehrheit getroffen werden.

## Rechte und Pflichten der einzelnen Inhaber festlegen

Zu einer guten Governance gehört auch eine verbindliche Vereinbarung über die Rechte und Pflichten der einzelnen Inhaber. Unterschiedliche Vorstellungen darüber, was der Einzelne erwarten kann und was von ihm erwartet wird, sind Ursache vieler Konflikte. Denn im eigenen Denksystem hat jeder immer recht. Eine verbindliche Vereinbarung reduziert den eigenen Interpretationsspielraum und damit das Konfliktrisiko. Gesprochen werden sollte deshalb nicht nur über juristisch einklagbare Rechte und Pflichten, sondern auch über tatsächliche Erwartungen.

### *Teilnahme- und Stimmrecht*

Zu den wichtigsten Individualrechten der Inhaber gehören das Recht auf Teilnahme an den Inhaberversammlungen und das Stimmrecht. Letzteres knüpft üblicherweise an die Höhe der Beteiligung an. Abweichungen bedürfen besonderer Begründung und Vereinbarung. Auch die Frage, ob und von wem sich ein Inhaber bei der Ausübung dieser Rechte vertreten lassen kann, sollte erörtert werden. Sensibilitäten bestehen nicht nur mit Blick auf die Teilnahme Außenstehender, sondern oft auch gegenüber den Partnern der Inhaber. Die Diskussion hierüber ist schwierig, aber unverzichtbar und steht in engem Zusammenhang mit der grundsätzlichen Frage zur Rolle der Partner im Familienunternehmen.

### Information

Auch das Recht auf Information gehört zu den Grundrechten eines Inhabers. Gleichwohl wurde es im Zeitalter der Patriarchen oft auf das rechtlich gerade noch zulässige Minimum begrenzt. Rechtsstreitigkeiten über Informationsbegehren von Gesellschaftern füllen die Gerichtsakten wie wenige andere Themen und bilden oft die Vorstufe zu weit tiefer greifenden Auseinandersetzungen. Sie sollten bald der Vergangenheit angehören. Denn ins Zeitalter des aufgeklärten, selbstmächtigen Individuums passt der Versuch, Inhaber von notwendigen Informationen über »ihr« Unternehmen fernzuhalten, nicht mehr. »Nur gut informierte Gesellschafter sind gute Gesellschafter«, lautete das Credo, unter dem ich 1998 die INTES Akademie für Familienunternehmen gegründet habe. Wer seine Gesellschafter mit tauglichen Informationen versieht, handelt im besten Eigeninteresse. Er schafft Vertrauen, beugt Missverständnissen vor und gibt den nicht im Unternehmen tätigen Inhabern überhaupt erst die Möglichkeit, ihre Inhaberrolle den Maßstäben von Professional Ownership entsprechend auszuüben. Ein professionelles Berichtswesen für die Inhaber sollte deshalb zum Standard guter Governance im Familienunternehmen gehören. Die Inhaberstrategie bietet Gelegenheit, Inhalt, Form und Turnus dieser Informationen näher festzulegen.

## Dividende

Ein weiteres wichtiges, oft Streit auslösendes Inhaberrecht ist der Anspruch auf einen Teil des erwirtschafteten Ergebnisses. Wer sein Kapital in ein Unternehmen investiert, erwartet eine Rendite in Form von Wertsteigerung und Dividende. Das gilt auch im Familienunternehmen. Allerdings steht dem legitimen Wunsch nach Ausschüttung hier das ebenso legitime Anliegen gegenüber, dem Unternehmen notwendiges Wachstum zu ermöglichen und es gleichzeitig im Familienbesitz zu halten. Und das geht in der Regel nur, wenn die Inhaber dem Unternehmen durch Dividendenverzicht weiteres Eigenkapital zur Verfügung stellen. Die Findung eines fairen Ausgleiches zwischen diesen beiden legitimen Interessen ist eine hohe Kunst und eine wichtige Aufgabe im Rahmen der Inhaberstrategie.

Eine erste Hilfestellung gibt der Governance Kodex für Familienunternehmen, der feststellt: »Zur Objektivierung der angemessenen Abwägung zwischen dem Finanzierungsinteresse des Unternehmens und dem Ausschüttungsinteresse der Inhaber wird empfohlen, die Höhe der Ausschüttung bzw. Thesaurierung von der Erreichung bestimmter Finanzkennziffern abhängig zu machen.«[10] Jetzt bewährt es sich, wenn die Inhaber im Rahmen der strategischen Ausrichtung konkrete Wachstums-, Rendite- und Stabilitätskennziffern vereinbart haben. Denn es wird jedem einleuchten, dass im Falle einer Über- oder Unterschreitung dieser Kennziffern unterschiedliche Ausschüttungsquoten zur Anwendung kommen sollten.

Hilfreich für den Abwägungsprozess ist vielleicht auch die allgemeine Feststellung, dass die »normale« Ausschüttungsquote bei Deutschlands großen Familienunternehmen im Durchschnitt zwischen 10 und 25 Prozent des konsolidierten Nachsteuerergebnisses beträgt und damit etwa halb so hoch liegt wie bei den DAX-30-Unternehmen.

Zu guter Letzt empfiehlt der Governance Kodex für Familienunternehmen noch, »Grundsatzregelungen zur Ergebnisverwendung in die Satzung aufzunehmen, um einen verlässlichen Rahmen für die Beteiligten zu schaffen«[11]. Ein kluger Rat, der viel dazu beitragen kann, jährlich wiederkehrende Grundsatzdiskussionen über die Höhe einer angemessenen Ausschüttung zu vermeiden.

### Übertragung und Ausscheiden

Zu den mit der Inhaberschaft verbundenen Vermögensrechten gehört auch die Befugnis, über den Vermögensgegenstand zu verfügen, ihn zu verschenken oder zu verkaufen und den ihm innewohnenden Wert zu realisieren. Weitgehend reinrassig ist dieses Recht aber nur in der Publikumsgesellschaft verwirklicht, wo nicht nur die juristische Fungibilität der Anteile gewährleistet wird, sondern über die Börse auch tatsächlich optimale Bedingungen für ihre Verwertung geschaffen werden.

Bei Familienunternehmen hingegen sind Beschränkungen der freien Übertragbarkeit der Beteiligung an der Tagesordnung. Die Frage, in welchem Umfang dies geschieht, hängt von den zwischen den Inhabern getroffenen Vereinbarungen ab. Bei der insoweit vorzunehmenden Interessenabwägung kann die Inhabergesamtheit erneut starke Argumente ins Feld führen. Wenn es der gemeinschaftliche Wille der Inhaber ist, das Unternehmen im Besitz der Familie zu halten, dann kann sie dieses Ziel nur erreichen, wenn sie durch entsprechende Maßnahmen sicherstellt, dass Anteile am Unternehmen ohne ihre ausdrückliche Zustimmung nur an Familienmitglieder übertragen werden können. Wer insoweit zum Kreis der Berechtigten gehört, hat die Inhaberfamilie bei der Bestimmung der Mitgliedschaft festgelegt. Entsprechende Beschränkungen der Inhabermacht ergeben sich also aus der Natur der Sache und aus der ausdrücklichen Zustimmung der Beteiligten zum gemeinsamen dynastischen Projekt.

Nicht anders verhält es sich, wenn Gesetz oder Inhabervereinbarung als Ausgleich für die Beschränkung der freien Übertragbarkeit ein Austrittsrecht gegen Abfindung vorsehen. Bei der Diskussion um die angemessene Ausgestaltung der ökonomischen Bedingungen (insbesondere Kündigungs- und Auszahlungsfristen, Höhe der Abfindung) ist wiederum zu berücksichtigen, dass das dynastische Projekt nur gelingen kann, wenn die Familieninhaber bereit sind, die erforderliche Kapitalbasis zu erhalten und auszubauen. Diese Überlegungen vermögen zwar keinen vollständigen Ausschluss des Austrittsrechts oder des Abfindungsanspruches zu begründen, wohl aber dessen Beschränkung. Den individuell angemessenen Interessenausgleich müssen die Inhaber im Rahmen ihrer Inhaberstrategie unter Berücksichtigung der durch Gesetz und Rechtsprechung gezogenen Grenzen miteinander aushandeln.

### Problemthema Mitarbeit

Primärer Ort der Mitwirkung der Inhaber ist die Inhaberversammlung. Ein Recht auf Mitwirkung in den übrigen Organen (Kontrollorgan, Geschäftsführung) ergibt sich aus der Gesellschafterstellung nicht. Der Zugang zu diesen Ämtern vollzieht sich nur über die von den Inhabern geschaffenen Zugangsregeln.

Ähnlich verhält es sich mit der Frage, ob Mitglieder der Inhaberfamilie im Familienunternehmen mitarbeiten dürfen. Sie berührt in besonderer Weise das Spannungsfeld zwischen Unternehmens- und Familiensphäre. Ein Anspruch auf Mitarbeit lässt sich aus der Inhaberschaft zwar nicht herleiten, gleichwohl gibt es häufig entsprechende Erwartungen. Werden diese nicht in die richtigen Bahnen gelenkt, besteht begründete Gefahr, dass es beim Aufeinandertreffen zwischen den Effizienzerwartungen der Unternehmenssphäre und den Versorgungs- und Gleichbehandlungserwartungen der Familiensphäre zu Konflikten kommt.

Allgemein gültige Empfehlungen zu dieser diffizilen Frage kann es nicht geben. Zu unterschiedlich ist die Ausgangslage. Kleine Familienunternehmen wären ohne die Selbstausbeutung des Inhabers und seiner Familie häufig gar nicht überlebensfähig. Und viele große Familienunternehmen hätten die Anfangsjahre nicht überstanden, wenn die Familie nicht tatkräftig mitgeholfen hätte. Im größer werdenden Familienunternehmen mit wachsender Inhaberfamilie wird dann, was eben noch erfolgsbegründet wirkte, nicht selten zum Problem. Wer vermag sich schon ernsthaft vorzustellen, große Unternehmerfamilien wie die Haniels böten ihren über 600 Gesellschaftern einen Job in der Unternehmensgruppe an? Die Frage, ob Familienmitglieder im Unternehmen mitarbeiten dürfen, mag also im Laufe der Entwicklung unterschiedlich beantwortet werden.

Bei der notwendigen Abwägung können die Inhaber sich erneut an den Anforderungen von Professional Ownership und Fair Process ausrichten. Dabei ist zunächst zu berücksichtigen, dass im Unternehmen mitarbeitende Mitglieder der Inhaberfamilie durchaus von Vorteil sein können. Als angestellte Inhaber weisen sie in der Regel eine höhere Motivation und eine größere Bindekraft auf als andere Arbeitnehmer. Diesen Vorzügen stehen andererseits beachtliche Gefahren gegenüber. Familienmitglieder, die für ihre Tätigkeit nicht hinreichend qualifiziert sind, schädigen die Wettbewerbsfähigkeit ihres Unternehmens, und zwar nicht nur durch die persönliche Minderleistung auf ihrer jeweiligen Stelle, sondern mehr noch durch die Ausstrahlungswirkung, die von diesem Signal ausgeht. Wird der Verdacht, im Familienunternehmen regiere Nepotismus, erst einmal zum Bestandteil der Unternehmenskultur, dann hat dies Auswirkungen auf die Leistungsorientierung im Unternehmen insgesamt.

Auch unter Führungsaspekten ist die Einbindung von Familienmitgliedern nicht unproblematisch. Die Fähigkeit eines Unternehmens, schnell und angemessen auf die Herausforderungen seines Umfelds zu reagieren, gründet unter anderem in einer einfachen, in sich widerspruchsfreien Hierarchie. Im Unternehmen tätige Familienmitglieder, die nicht der Führung angehören, stellen in diesem System einen Fremdkörper dar. Als Angestellte sind sie hierarchisch unter-, als Inhaber ihren Vorgesetzten übergeordnet. Es fällt den Beteiligten in der Regel nicht leicht, mit diesen widersprüchlichen Rollenerwartungen angemessen umzugehen. Und auch hier besteht die Gefahr, dass der Nachteil nicht auf die konkrete Führungskonstellation beschränkt bleibt; auch auf dem Markt für Führungskräfte gerät das Familienunternehmen ins Hintertreffen. Darüber hinaus birgt die Mitarbeit von Familienmitgliedern die Gefahr von Konflikten innerhalb der Inhaberfamilie, auch und vor allem dann, wenn beim Zugang der Grundsatz der Gleichbehandlung verletzt wird.

Wer das verhindern will, muss zumindest klare Regeln aufstellen und dafür sorgen, dass die Familienmitglieder über die für ihre Tätigkeit notwendige Qualifikation verfügen und nicht anders behandelt werden als andere Angestellte auch. Zudem muss geregelt sein, unter welchen Voraussetzungen Familienmitglieder für eine Tätigkeit im Unternehmen infrage kommen und nach welchem Prozess und durch wen die Auswahlentscheidung erfolgt. Und es muss sichergestellt sein, dass die entsprechenden Regeln eingehalten und die getroffenen Entscheidungen gegenüber allen Inhabern offengelegt werden.

Entsprechend klare Regeln sollten übrigens nicht nur für die Mitarbeit, sondern auch dann gelten, wenn Mitglieder der Inhaberfamilie einen signifikanten Teil ihres Einkommens aus einer selbstständigen Tätigkeit für das eigene Unternehmen beziehen. Es macht für die aufgezeigte Thematik keinen wesentlichen Unterschied, ob ein Inhaber als Marketingleiter im eigenen Unternehmen arbeitet oder ob er als Inhaber einer Marketingagentur einen langfristigen und gut dotierten Dienstleistungsvertrag mit der Firma besitzt.

Zu guter Letzt sollte auch der Bezug von Leistungen aus der Firma im Sinne von Professional Ownership und Fair Process geregelt werden. Unterschiedliche Behandlung beim Tanken an der Betriebstankstelle, beim verbilligten Warenbezug oder bei der Inanspruchnahme von Betriebshandwerkern haben schon viele Konflikte verursacht, deren Zerstörungskraft in keinem Verhältnis zu ihrem Anlass stand.

### Wichtige Pflichten

Den Rechten der Inhaber korrespondieren Verpflichtungen. Aber wie weit reichen diese konkret? Inwieweit entspricht dem Recht auf Information, Teilnahme an der Inhaberversammlung und den Entscheidungen der Inhaber eine Erwartung, dass die Inhaber an den Versammlungen und Abstimmungen auch tatsächlich teilnehmen und sich die Informationen und Kenntnisse verschaffen, die sie zu einer verantwortungsvollen Teilnahme befähigen? In welchem Umfang sind sie zur Geheimhaltung der ihnen zur Verfügung gestellten Information verpflichtet? Und inwieweit sind sie gehindert, im Aktionsfeld des Familienunternehmens tätig zu werden?

Bei der Beantwortung dieser Fragen sollten sich die Inhaber nicht nur am Maßstab von Fair Process orientieren und Gleichbehandlung gewährleistende Regeln schaffen. Sie sollten sich auch an den Erfordernissen von Professional Ownership ausrichten und solche Einschränkungen ihrer persönlichen Freiheit hinnehmen, die im Interesse des gemeinsam verabredeten dynastischen Projektes geeignet, förderlich und angemessen sind. Dabei dürfen die den einzelnen Inhabern zumutbaren Einschränkungen umso weiter gehen, je stärker diese sich im Rahmen ihres Selbstverständnisses auf den Erhalt des Unternehmens im Familienbesitz verpflichtet haben. Das Bekenntnis zum Familienunternehmen ist keine plakativ-unverbindliche Formel. Es hat bei der konkreten Ausformulierung der Rechte und Pflichten der Inhaber spürbare Folgen. Wer die Vorzüge einer Beteiligung an einem Familienunternehmen für sich reklamiert, muss auch die mit ihr verbundenen Nachteile in Kauf nehmen.

Besonders deutlich wird das dort, wo die Freiheitsbeschränkungen über die Unternehmenssphäre hinausweisen und die Privatsphäre des Inhabers tangieren. Der klassische Anwendungsfall für diese Problematik ist die in Familienunternehmen regelmäßig erhobene Forderung, die Inhaber müssten mit ihren Partnern ehe- und erbrechtliche Vereinbarungen eines bestimmten Inhalts treffen. Es ist den Beteiligten auf den ersten Blick nur schwer zu vermitteln, warum unternehmerische Belange sogar in ihre Privatsphäre hineinwirken sollen. Dies ändert sich aber, wenn die Hintergründe der geforderten Beschränkung deutlich werden. Ein Familienunternehmen muss in der Regel wachsen, um dauerhaft am Markt bestehen zu können. Um dieses Wachstum finanzieren und gleichzeitig die familiäre Kontrolle über das Unternehmen aufrechterhalten zu können, muss die von der Inhaberfamilie zur Verfügung gestellte finanzielle Basis ebenfalls wachsen und darf nicht geschmälert werden. Genau dies geschieht aber in der Regel, wenn der Partner des Inhabers bei Scheidung oder Tod die ihm von Gesetzes wegen zustehenden finanziellen Ansprüche geltend macht und der Inhaber nicht in der Lage ist, diese aus seinem sonstigen Vermögen zu begleichen.

Aus Sicht der Unternehmerfamilie besteht ein vitales Interesse daran, wirksame Vorkehrungen gegen alle Gefährdungen des dynastischen Projektes zu treffen. Das ist nachvollziehbar und akzeptabel, solange sie nicht weitergehen, als dies im Interesse der schützenswerten Belange des dynastischen Projektes erforderlich und angemessen ist.

## STRUKTUREN UND REGELN
## FÜR DIE FAMILIE

Sinnvolle Regeln für die Governance des Unternehmens sind unverzichtbar. Aber auch die Inhaberfamilie des Unternehmens will gemanagt sein. Wer ein Unternehmen langfristig in Familienbesitz halten will, darf sein Augenmerk nicht nur auf die unternehmerischen Belange richten, sondern muss auch die Familie in den Blick nehmen und neben der Corporate Governance eine eigenständige Family Governance etablieren. Ihr Ziel ist es, das Zusammengehörigkeitsgefühl der Mitglieder der Inhaberfamilie und deren Identifikation mit dem Unternehmen zu stärken und langfristig zu festigen. Ebenso wie die Corporate Governance muss sie zu einem verantwortungsvollen Umgang mit der Inhaberrolle und Fairness zwischen den Familienmitgliedern beitragen und zusätzlich einen emotionalen Mehrwert schaffen, ohne den das dynastische Projekt auf Dauer nicht erfolgreich sein kann.

Dabei ist eine gute Family Governance immer individuell. Was eine Familie braucht, um eine starke Unternehmerfamilie zu sein, differiert von Fall zu Fall. Doch es gibt eine klare Tendenz: Während das Management der Unternehmerfamilie beim Alleininhaber noch am Küchentisch stattfindet, bedarf es bei wachsender Entfremdung der Familie in Geschwistergesellschaft, Vetternkonsortium und Familiendynastie zunehmend formaler Organisation.

## Spielregeln für den Umgang miteinander

Zu den größten Herausforderungen einer Unternehmerfamilie gehört es, einen angemessenen Umgang miteinander zu finden, ohne den familiärer Zusammenhalt auf Dauer nicht möglich ist. Es fällt den Familien schwer, mit den Herausforderungen zurechtzukommen, die sich aus dem gleichzeitigen Agieren in zwei Systemen mit unterschiedlichen Umgangsregeln ergeben. Die Gefahr ist groß, dass sich die Unternehmerfamilie bei ihrem familiären Umgang miteinander zu sehr von den professionellen Erfordernissen des Unternehmens bestimmen lässt und die familiären Bedürfnisse nach Nähe und Emotionalität vernachlässigt – oder umgekehrt im Umgang mit dem Unternehmen die dort erforderliche Professionalität vermissen lässt. Und doch muss von ihr verlangt werden, dass sie diesen Spagat bewältigt und sowohl innerfamiliär als auch mit Bezug auf das Unternehmen zu einer adäquaten Verhaltensweise findet.

Den richtigen Ton im Umgang miteinander zu treffen, ist keine leichte Aufgabe. Während familiäre Kommunikation emotional geprägt ist, braucht die Kommunikation im und über das Unternehmen einen rationalen Grundton. Während Kommunikation in der Familie überwiegend informell abläuft, braucht Kommunikation über das Unternehmen einen formellen Rahmen. Und während der Umgang in der Familie Zusammengehörigkeit erzeugen soll und von der Gleichwertigkeit der Familienmitglieder ausgeht, sind Unternehmen hierarchisch konstruierte Gebilde und differenzieren nach der Position der Beteiligten in der Hierarchie und nach ihrem Wert für das System. Mit den dadurch begründeten Spannungsverhältnissen müssen Unternehmerfamilien umgehen lernen. Eine Alternative gibt es nicht.

Eine wertvolle Hilfestellung bietet das von Ernest Doud und Lee Hausner entwickelte 2-Hüte-Konzept, das in engem Zusammenhang mit dem im 2. Teil bereits vorgestellten 2-Kreis-Modell steht. Es empfiehlt Mitgliedern von Unternehmerfamilien, sich vor jeder Interaktion bewusst zu machen, auf welchem der beiden Spielfelder – Familie oder Unternehmen – sie gerade agieren, und familiäre Fragestellungen nach familiären Regeln und unternehmerische nach unternehmerischen zu behandeln. Voraussetzung für ein systemgerechtes Verhalten ist allerdings, dass die Familie klare Regeln für beide Systeme aufgestellt hat. Wie wollen wir als Familie miteinander umgehen?

Wie als Gesellschafter unseres Unternehmens? Und welche Umgangsregeln sollen gelten, wenn wir im Unternehmen arbeiten und in diesen Funktionen aufeinandertreffen?

Von großer Bedeutung ist, dass die Trennung der beiden Spielfelder konsequent gelebt wird. Es ist in Ordnung, wenn die im Unternehmen tätigen Inhaber bei der Festlegung der Sitzordnung für eine Firmenveranstaltung bevorzugt werden und die Tischgespräche bei diesen Veranstaltungen vornehmlich um Unternehmensbelange kreisen. Es ist auch nicht zu beanstanden (wenn auch vielleicht nicht klug), die Ehepartner der Inhaber von der Inhaberversammlung auszusperren und vor der Türe warten zu lassen. Aber es ist nicht mehr richtig, wenn auch bei Familienfesten die inaktiven Inhaber oder deren Ehepartner an den Katzentisch verbannt werden.

»No business talk at the dinner table«, lautet ein einfacher Grundsatz, den alle Unternehmerfamilien in ihrem privaten Umgang miteinander beherzigen sollten. Geschäftliche Themen gehören in die Inhaberversammlung, private an den Familientisch. In jedem Fall sollten sie getrennt behandelt werden und ihren eigenen organisatorischen Rahmen erhalten, wenn das für den familiären Zusammenhalt nachteilige Gefühl einer Mehrklassengesellschaft innerhalb der Familie vermieden werden soll. Ebenso muss sichergestellt werden, dass familiäre Verhaltensweisen nicht auf den unternehmerischen Umgang übertragen werden. Es ist inakzeptabel, wenn der Marketingdirektor eines Familienunternehmens eine Anweisung seiner Schwester, die als CEO das gemeinsame Familienunternehmen leitet, mit den Worten kommentiert: »Du hast mir gar nichts zu sagen!«

Sinnvolle Umgangsregeln können aus den Werten und Zielen abgeleitet werden, die sich die Inhaberfamilie bei der Bestimmung ihres Selbstverständnisses gegeben hat. Wenn dort von Respekt, Toleranz, Offenheit und einer gesunden Streitkultur die Rede ist, dann ist es jetzt an der Zeit zu bestimmen, welche konkreten Verhaltensregeln die Familie aus diesen Grundsätzen ableiten will.

## Spielregen für das Auftreten nach außen

Angesprochen werden sollte auch ein angemessenes Verhalten nach außen. Die Mitglieder der Inhaberfamilie agieren bei ihren öffentlichen Auftritten immer auch als Repräsentanten der Familie – ob sie dies wollen oder nicht. Wenn ein Familienmitglied sich in der Öffentlichkeit danebenbenimmt, schadet es nicht nur der eigenen Reputation, sondern der gesamten Familie, unter Umständen sogar dem gemeinsamen Unternehmen.

Daher ist es sinnvoll, dass die Inhaberfamilie Regeln für den Außenauftritt ihrer Mitglieder aufstellt, die sich aus ihrem Werte- und Zielkanon ableiten lassen. Wenn dort von »Bescheidenheit« und »Maßhalten« die Rede ist, geht es jetzt darum, konkret zu benennen, welches Handeln als unbescheiden oder maßlos zu gelten hat. Das ist nicht einfach, weil hier leicht Individual- und Gemeinschaftsinteresse in Widerstreit geraten. Aber genau aus diesem Grunde ist es unverzichtbar. Und es kann gelingen, wenn die Beteiligten bereit sind, einerseits den grundsätzlichen Vorrang des Gemeinschaftsinteresses anzuerkennen, andererseits aber dessen Anwendung dem Grundsatz der Verhältnismäßigkeit zu unterwerfen. Eine solche Betrachtungsweise erlaubt unterschiedliche Beurteilungen je nachdem, ob die Firma klein oder groß ist, ob sie mehr oder weniger im Fokus der Öffentlichkeit steht, ob sie wenige oder viele Inhaber hat oder ob diese unmittelbar am oder weit entfernt vom Firmensitz leben.

Einer Regelung bedarf auch der Auftritt im eigenen Unternehmen. Je größer die Zahl der Familienmitglieder wird und je weniger von ihnen im Unternehmen arbeiten, desto mehr gewinnt die Frage an Bedeutung, wie sich die Familienmitglieder im Umgang mit ihrem eigenen Unternehmen verhalten sollen. Dürfen sie das Unternehmen jederzeit besuchen, mit Mitarbeitern sprechen, vielleicht gar Handlungsaufträge erteilen, oder erfolgt dies nur nach vorheriger Anmeldung und festgelegten Regeln? Sollen sie sich von Unternehmensveranstaltungen fernhalten, oder wird ihre Anwesenheit bei Firmenfesten, Kundenveranstaltungen und Mitarbeiterjubiläen erwartet? Welche inhaltlichen Maximen gelten für den Auftritt, und inwieweit wird zwischen Inhabern und sonstigen Mitgliedern der Inhaberfamilie unterschieden? Allgemeingültige Regeln dafür kann es nicht geben. Aber die Inhaberfamilien sollten anerkennen, dass Regeln sinnvoll sind und sich an den Grundsätzen von Fair Process und Professional Ownership ausrichten sollten, um Schaden vom Familienunternehmen abzuwenden.

Besonders sensibel ist die öffentlichkeitswirksame Repräsentation, insbesondere der Umgang mit der Presse. Dieses Thema ist in besonderem Maße geeignet, eine konfliktträchtige Mischung von Neid, Eifersucht und Missgunst zu erschaffen. Wenig tangiert das eigene Ego mehr als die öffentliche Wahrnehmung. Inhaberfamilien, die das darin liegende Konfliktpotenzial begrenzen wollen, sollten festlegen, durch wen, zu welchen Anlässen und Themen und mit welchen Inhalten das Familienunternehmen einerseits und die Inhaberfamilie andererseits gegenüber der Öffentlichkeit repräsentiert werden.

## Spielregeln für den Umgang mit Konflikten

Regeln sollte sich die Inhaberfamilie auch für den Umgang mit Konflikten geben. So sehr die Inhaberstrategie und die Auseinandersetzung mit den dabei auftretenden Fragen zur Konfliktprävention beitragen, völlig vermeiden lassen sich Konflikte nie. Konflikte gehören zum menschlichen Leben. Sie prägen die persönliche Entwicklung ebenso wie unsere Beziehungen und sind auch in Organisationen unvermeidlich. Starke Gemeinschaften unterscheiden sich von schwachen nicht durch die Abwesenheit von Konflikten, sondern durch einen professionelleren Umgang mit ihnen.

Es wäre unrealistisch, eine möglichst konfliktfreie Organisationskultur anzustreben. Ziel ist vielmehr, destruktive und eskalative Konfliktverläufe frühzeitig zu erkennen, mit ihnen konstruktiv umzugehen und ihre Chronifizierung zu verhindern. Für Familienunternehmen und die sie dominierenden Inhaberfamilien gilt dies in besonderem Maße. Denn dieser Organisationstyp bietet mit seinen beiden konkurrierenden Systemen eine besonders fruchtbare Umgebungsbedingung für Konflikte. Die ihnen innewohnende Tendenz zur Eskalierung und Chronifizierung macht sie zudem extrem gefährlich. Streit in der Inhaberfamilie gilt als eine der häufigsten Ursachen für das Scheitern von Familienunternehmen. Ein gutes Konfliktmanagement leistet somit einen signifikanten Beitrag zum Erhalt des Familienunternehmens.

Bei den Regeln zum Umgang mit Konflikten in der Inhaberfamilie sollte zwischen prozessualen und inhaltlichen Aspekten unterschieden werden. Erstere wollen ein die Konfliktlösung förderndes Verfahren, Letztere ein dieser Zielsetzung verpflichtetes Verhalten gewährleisten. Im Rahmen der prozessualen Regelfindung sollte die Inhaberfamilie solche Fragen beantworten wie: Wie stellen wir überhaupt fest, dass wir einen Konflikt haben? Gegenüber wem muss er angemeldet werden? Und innerhalb welcher Zeitspanne? Welche Vorgehensweise wählen wir, um zu einer Beendigung des Konfliktes zu kommen? Dürfen Dritte hinzugezogen werden? In welcher Funktion? Als Moderator, Mediator, Schiedsrichter und/oder Parteivertreter? Wann ist ein Konflikt beendet?

Demgegenüber geht es bei den inhaltlichen Regeln darum, Verhaltensweisen zu identifizieren, die mit Blick auf die angestrebte Deeskalierung entweder besonders erwünscht oder ausdrücklich unerwünscht sind. Entsprechende Handlungsempfehlungen lauten dann: Nicht übereinander reden, sondern miteinander! Dritte nicht instrumentalisieren! Sich in den anderen hineinversetzen! Win-Win-Situationen suchen! Den anderen nicht verletzen, nicht bloßstellen und nicht beleidigen! Auch mal Fünfe grade sein lassen! Oder: Nicht nachtragend sein!

Ziel derartiger Regelwerke ist es, sozialpsychologischen Gesetzmäßigkeiten entgegenzuwirken, welche in Zusammenhang mit Konflikten häufig auftreten. Konflikte können nur geklärt werden, solange bei den Beteiligten die Bereitschaft und die Fähigkeit besteht, sich in das Gegenüber hineinzuversetzen – mit dessen Position zwar nicht einverstanden zu sein, sie aber zumindest verstehen zu können. Diese Qualität geht bei Beziehungskonflikten schnell verloren. Die mit ihnen verbundenen Gefühle wie Kränkung oder Verrat beeinträchtigen die Fähigkeit zur Perspektivübernahme und begünstigen die Dämonisierung des vermeintlichen Feindes.

Konfliktverschärfend wirkt, dass das jeweils eigene Verhalten lediglich als Reaktion auf eine Aggression des Gegenübers gewertet wird. Man sieht sich gezwungen, auf die »bösen« Handlungen des anderen entsprechend hart zu reagieren. Da der andere das Geschehen genau spiegelverkehrt wahrnimmt, organisiert sich der Konflikt quasi selbst. Jeder eskaliert mit gutem Gewissen, weil er sich ja nur zur Wehr setzt. Diese Fehlwahrnehmung kann sogar so weit gehen, dass Versöhnungsversuche und andere positive Gesten als besonders perfide Feindseligkeiten gewertet werden.

Gute Regeln für den Umgang mit Konflikten helfen den Beteiligten, aus Wahrnehmungsfehlern auszusteigen, Konflikte von der Beziehungs- auf die Sachebene zu verlagern und zu einem konstruktiv-lösungsorientierten Konfliktverhalten zu finden. Bei ihrer Erarbeitung kann sich die Inhaberfamilie von ein paar einfachen Maximen leiten lassen:

1. *Konflikte als natürlich ansehen:* Unterschiedliche Positionen und Interessen in Gemeinschaften sind unvermeidlich. Denn im eigenen Denk- und Wertesystem hat jeder immer recht.

2. *Nicht jeder Konflikt ist ein Streit:* Wenn wir lernen, mit unterschiedlichen Interessen sachgemäß umzugehen, muss ein Konflikt nicht in einen zerstörerischen Streit umschlagen, sondern kann sein kreatives Potenzial zur Verbesserung der Gemeinschaft entfalten.

3. *Eskalation vermeiden:* Mit jeder Stufe, die ein Konflikt auf der Eskalationsleiter emporsteigt, wird der Weg zurück länger und schwieriger. Mit jedem Grad, das er an Hitze zulegt, wird es schwieriger, ihn abzukühlen.

4. *Verletzungen vermeiden:* Verletzungen, die nicht zugefügt wurden, müssen nicht verheilen. Und hinterlassen keine Nar-

ben, die noch Jahrzehnte in Erinnerung bleiben und immer wieder aufbrechen können.

5. *Sieger und Besiegte vermeiden:* Jedes Hinspiel hat ein Rückspiel. Und es ist durchaus nicht sicher, wer dann der Stärkere ist und das bessere Ende für sich hat. Deshalb ist es besser, miteinander zu reden als miteinander zu kämpfen und getreu der Maxime des Dalai Lama zu handeln, der fest davon überzeugt ist, dass jeder Konflikt durch aufrichtigen Dialog gelöst werden kann.

6. *Moderation und Mediation statt Parteianwälte:* Deshalb ist auch die Einschaltung von Parteianwälten in familiären Streitigkeiten problematisch. Denn der Parteianwalt ist weder dem Interesse der Familiengesamtheit noch dem Interesse des Unternehmens, sondern allein dem Auftrag und Individualinteresse seines Mandanten verpflichtet. Und er wirkt aus finanziellem Eigeninteresse zudem häufig nicht auf einen aufrichtigen Dialog, sondern auf die Perpetuierung und/oder Eskalation des Konfliktes hin. Bevor Parteianwälte oder sogar Gerichte eingeschaltet werden, sollte deshalb im Familienunternehmen ein mehrstufiges Vorgehen vorangehen. (1) Miteinander reden, unterschiedliche Positionen und dahinterstehende Interessen offenlegen, austauschen und gemeinsam nach einem fairen Ausgleich suchen. Gelingt es auf diesem Wege nicht, zu einer Konfliktlösung zu kommen, sollte zur Unterstützung zunächst (2) ein Moderator und, sollte auch dieser scheitern, (3) ein Mediator eingeschaltet werden. Wenn alle Angebote zur friedlichen Konfliktbeendigung fehlschlagen, kann man immer noch streiten.

7. *Keine Öffentlichkeit:* Wie heftig ein Streit auch sein mag, ihn öffentlich zu machen muss tabu sein. Deshalb sind anonyme

Schiedsgerichte dem Weg zu staatlichen Gerichten vorzuziehen, und der Gang an die Presse ist schlichtweg verboten. Er beschädigt den guten Ruf der Familie und des Unternehmens und befördert die ultimative Eskalation des Konfliktes. Wenn man sich erst einmal öffentlich beharkt und schlechtgemacht hat, gibt es in der Regel kein Zurück mehr zu einem friedlichen Miteinander. Dann gibt es nur noch Sieger und Besiegte. Und am Ende verlieren irgendwie alle. Wie im richtigen Krieg. Verantwortungsvolles Familienunternehmertum sieht anders aus.

»Friede ernährt, Unfriede verzehrt«, steht immer noch im Büro des Miele-Gründers Carl Miele. Daran sollten wir uns orientieren. Und gemeinsam ein Verständnis und Spielregeln für unseren Umgang mit Konflikten erarbeiten, an die sich im Ernstfall alle halten.

### Gemeinsame Aktivitäten

Ebenso wichtig wie die Etablierung geeigneter Spielregeln ist die Schaffung von Strukturen, die den Zusammenhalt in der Inhaberfamilie und die Zustimmung zum Unternehmen fördern. Je mehr die persönliche Bindekraft zwischen den Inhabern nachlässt, desto stärker muss der Zusammenhalt formal organisiert werden. Und je distanzierter die Beziehung des einzelnen Inhabers zu seinem Unternehmen wird, desto mehr muss der emotionale Wert der Inhaberschaft durch formale Akte hergestellt werden. Dies geschieht in der Praxis vor allem durch gemeinschaftliche Unternehmungen, gemeinnützige Tätigkeit und durch die Übernahme von bestimmten Service- und Verwaltungsaufgaben durch ein »Familien-Büro«.

## Gemeinschaftliche Unternehmungen

Die spanische Unternehmerfamilie Roca wurde 2008 mit dem renommierten IMD-LODH Advanced Family Business Award ausgezeichnet. In der Begründung wurde besonders die Qualität der Family Governance in dem Familienunternehmen hervorgehoben. Obwohl Roca ein internationaler Konzern mit über 100 Inhabern ist, herrscht in der Familie ein beeindruckender Korpsgeist. Kein Wunder: Geradezu strategisch investiert die Familie in den Erhalt der Gemeinschaft. Die Rocas laden ihre Inhaber und deren Angehörige regelmäßig zu Familientreffen, mehrmals im Jahr finden Betriebsbesichtigungen und Informationsveranstaltungen mit dem Management statt. Alle zwei Jahre reist die Familie ins Ausland, um eine ihrer ausländischen Betriebsstätten zu besuchen. Roca ist ein gutes Vorbild, aber beileibe kein Einzelfall mehr. Längst haben auch hierzulande vorbildliche Inhaberfamilien erkannt, dass es nicht reicht, die Inhaber einmal im Jahr zu einer Gesellschafterversammlung einzuladen. Das gibt es bei einer Publikumsgesellschaft schließlich auch. Wer emotionalen Mehrwert schaffen will, muss mehr tun.

Die Familie muss sich als Gemeinschaft erleben, um das Gefühl einer starken Einheit entwickeln zu können. Sie muss das Gefühl vermitteln, dass es gut ist und Spaß macht, dieser Gemeinschaft anzugehören. Dass es toll ist, als Familie ein Unternehmen zu besitzen und dass die Familie zugleich mehr ist als ihr Familienunternehmen. Deshalb ist es wichtig, dass die Inhaberfamilie gemeinsame Aktivitäten entwickelt, die über den geschäftlichen Bezug hinausweisen.

Solange der Kreis der Familieninhaber klein ist, geschieht dies meist informell. Im größer werdenden Inhaberkreis bedarf es dann zunehmend formaler Organisation, wenn gemeinsame Familienaktivitäten aufrechterhalten bleiben sollen. Dabei hilft es, auf gelebte Traditionen zurückzugreifen. Die Unternehmerfamilie Merz, Inhaber eines in der Pharmaindustrie tätigen Familienunternehmens, trifft sich bis heute auf dem Stammsitz der Unternehmerfamilie zu Familienessen und einmal jährlich zu einem rituellen Osterspaziergang. Beide Aktivitäten gehen auf den Unternehmensgründer Friedrich Merz zurück. Sie machen Spaß und halten die Unternehmerfamilie lebendig. »Familienaktivitäten dienen der Stärkung des Familienverbundes«, schreiben die Merz-Inhaber in ihrer Familienverfassung. »Sie fördern die Zusammengehörigkeit unter Gesellschaftern, Lebenspartnern und deren Familien. Sie stärken das Vertrauen und die Kommunikation untereinander. Sie verbinden Spaß und Information.«

Ein weiteres Ziel gemeinsamer Aktivitäten ist der Erhalt der familiären Zustimmung zum gemeinsamen Projekt. Die Begeisterung der Inhaber für das Familienunternehmen nimmt tendenziell ab, je weniger sie aktiv in das Unternehmen eingebunden sind, je kleiner ihr Anteil und je größer die räumliche Entfernung vom Unternehmen wird. Eine proaktive und umfassende Informationspolitik, regelmäßige Betriebsbesichtigungen, Teilnahme an Unternehmensveranstaltungen, Gesprächsrunden mit dem Management und ähnliche Maßnahmen tragen dazu bei, den emotionalen Wert der Beteiligung am Unternehmen zu erhöhen und den objektiven Bedeutungsverlust teilweise zu kompensieren.

Zusätzlich zu den Veranstaltungen sollte für eine regelmäßige Kommunikation zwischen den Familienmitgliedern gesorgt werden. Gemeinschaft lebt von dem Gefühl, dazuzugehören. Und das setzt regelmäßigen Austausch und ein Mindestmaß an Wissen übereinander voraus. In kleinen Inhaberfamilien geschieht das informell. Im Informationszeitalter lässt sich die innerfamiliäre Kommunikation aber auch in größer werdenden Inhaberkreisen organisieren. Mittels moderner Kommunikationstechnik ist das kein Hexenwerk. Sogar dann nicht, wenn die Familie über die ganze Welt verstreut ist.

### Gemeinnützige Tätigkeit

Eine Sonderstellung unter den gemeinschaftlichen Aktivitäten nimmt das gemeinnützige Engagement ein. Philanthropisches Engagement hat in Unternehmerkreisen eine starke Tradition. Deutschlands Familienunternehmer unterstützen Wissenschaft und Forschung, Kultur und Bildung, Sport und Soziales, sie tun dies im regionalen, nationalen und internationalen Rahmen, sie tun es aktiv gestaltend oder verborgen begleitend, mit Beträgen, die von wenigen Zehntausend bis zu vielen Millionen Euro reichen.

Keine Frage: Unsere Welt wäre ärmer ohne das Engagement der Familienunternehmer. Doch profitiert nicht nur die Gesellschaft von der Philanthropie der Unternehmer. Auch die Unternehmerfamilie selbst zieht Gewinn aus ihrem Engagement. Vielen ist es ein Bedürfnis, mit einem Teil ihres Profits gesellschaftlich Nützliches zu tun und auf diese Weise über die Verpflichtung zur Steuerzahlung hinaus einen Teil des erworbenen Wohlstandes an die Gesellschaft zurückzugeben. Manchem Erben fällt es leichter, sich mit einer als unverdient empfundenen Inhaberschaft am Unternehmen zu identifizieren, wenn diese mit einer philanthropischen Aktivität verknüpft ist. Und über die Entscheidungsgremien einer für das gemeinnützige Engagement geschaffenen Stiftung können auch solche Familienmitglieder in die Aktivitäten der Unternehmerfamilie eingebunden werden, die ansonsten nur passiv beteiligt wären. Darüber hinaus stellt ein professionell betriebenes gemeinnütziges Engagement ein gutes Übungsfeld dar, auf dem die Mitglieder der nachwachsenden Generation frühzeitig ihr unternehmerisches Talent erproben können.

Gemeinschaftliches philanthropisches Engagement kann für das gemeinsame Projekt messbaren Nutzen stiften. Den Beteiligten muss allerdings bewusst sein, dass dieser nur generiert werden kann, wenn die Inhaberfamilie ihre gemeinnützigen Aktivitäten mit vergleichbarer Professionalität betreibt wie ihr Unternehmen. Zu diesem Zweck sollten insbesondere die folgenden Fragen eindeutig und professionell beantwortet werden:

1. Was wollen wir mit unserem gemeinnützigen Engagement erreichen?
2. Wo soll es organisatorisch angesiedelt sein – beim Unternehmen oder bei der Unternehmerfamilie?
3. Was wollen wir fördern?
4. Auf welche Weise?
5. In welchem Umfang?
6. Woher kommen die dafür benötigten finanziellen Mittel?
7. Wer trifft die notwendigen Entscheidungen?
8. Und wer übernimmt dabei welche Rolle?

### Service für die Inhaberfamilie

Ein weiteres Instrument zur Steigerung des emotionalen Wertes der Mitgliedschaft in einer Unternehmerfamilie ist ein sogenanntes Familien-Büro. Die Verwaltung der Beteiligung an einem Familienunternehmen ist eine anspruchsvolle Angelegenheit. Das Angebot, die damit verbundenen Verpflichtungen als Dienstleistung für den Inhaber zu übernehmen und ihm darüber hinaus womöglich noch weitere Vorteile zukommen zu lassen, ist geeignet, die Attraktivität der Mitgliedschaft in der Unternehmerfamilie zu erhöhen.

Zum klassischen Dienstleistungsangebot eines Familien-Büros gehören primär alle auf die Verwaltung der Beteiligung bezogenen Tätigkeiten. Ein typisches Familien-Büro übernimmt die Abwicklung der mit der Beteiligung verbundenen Steuerfragen, überwacht die Einhaltung der von den Inhabern eingegangenen Verpflichtungen und gewährt oder vermittelt Rat bei den mit der Unternehmensbeteiligung verbundenen rechtlichen und steuerlichen Fragestellungen.

Daneben werden Familien-Büros häufig genutzt, um den Mitgliedern der Inhaberfamilie bestimmte Vergünstigungen zukommen zu lassen. So können günstige Einkaufskonditionen des Unternehmens beim Bezug von Leistungen über ein Familien-Büro an die Inhaberfamilie weitergereicht werden.

Manchmal bieten Familien-Büros den Familienmitgliedern sogar Unterstützung in persönlichen Angelegenheiten an. Besonders beliebt sind Angebote zur gemeinschaftlichen Vermögensverwaltung. Diese sind einerseits attraktiv, weil das Familien-Büro in der Regel bessere Konditionen und einen höheren Professionalitätsstandard gewähren kann als individuelle Verwaltung. Sie sind aber auch nicht ungefährlich, weil ein etwaiger Misserfolg dem gemeinsamen Projekt angelastet wird und der finanzielle Verlust zusätzlich den emotionalen Wert der Mitgliedschaft beeinträchtigt. Weitere denkbare Leistungsangebote sind Unterstützung bei privaten Rechts- und Steuerangelegen-

heiten, die Verwaltung privater Immobilien, die Buchung von
Reisen oder vergleichbare, eindeutig dem Privatbereich zuzu-
ordnende Dienstleistungen.

Im Rahmen ihrer Inhaberstrategie sollte sich die Inhaberfamilie zunächst fragen, ob sie überhaupt ein Familien-Büro
einrichten will. Für einen Alleininhaber macht das in der Regel
wenig Sinn. Aber schon in der Geschwistergesellschaft ändert
sich die Beurteilungslage. Hier ist ein eigenständiges Familien-
Büro häufig schon deshalb sinnvoll, weil durch die Trennung
von Unternehmens- und Privatsphäre eine Gleichbehandlung
der Inhaber im Sinne von Fair Process sichergestellt werden
kann. Mit wachsender Zahl von Inhabern wird es dann immer
zwingender, Firmen- und Privatsphäre eindeutig voneinander
zu trennen. Im Rahmen der Inhaberstrategie sollten vor allem
die Fragen nach dem vom Familien-Büro zu erbringenden Leis-
tungsumfang, der angemessenen Vergütung für in Anspruch ge-
nommene Leistungen sowie nach der Organisation des Family
Office beantwortet werden.

## Gesellschafterkompetenz sicherstellen

Die Inhaber eines Familienunternehmens wollen und müssen
über den Zustand des Unternehmens unterrichtet werden. Allerdings genügt es nicht, dass die erforderlichen Informationen
vom Unternehmen bereitgestellt werden. Sie müssen von den
Empfängern auch verstanden werden. Deshalb ist die Vermittlung eines ausreichenden Basiswissens an die Inhaber ein Eck-
pfeiler von Professional Ownership. Dominante Inhaber bestimmen das Schicksal ihres Unternehmens. Und wir können
nur hoffen, dass sie der damit verbundenen Verantwortung ge-
wachsen sind. Ein solides Wissen ist Teil dieser Verantwortung

und sollte bei allen Inhabern vorhanden sein. In postpatriarchalischen Zeiten genügt es nicht mehr, das Wissen beim Patriarchen zu konzentrieren.

Erfolgreiche Inhaberfamilien haben die Notwendigkeit einer professionellen Wissensvermittlung längst erkannt und eigene Family-Education-Programme für ihre Inhaber geschaffen. Business Schools bieten spezielle Family-Business-Programme oder Studienangebote an, und private Anbieter offerieren Lehrgänge zur Vermittlung von Gesellschafterkompetenz, an deren Ende ein sogenannter »Inhaberführerschein« steht.

Ziel der Family Education muss es sein, die Mitglieder der Inhaberfamilie mit dem Wissen zu versorgen, das sie benötigen, um ihre Rolle als Inhaber im Familienunternehmen professionell wahrnehmen zu können. Ein darauf zugeschnittenes Angebot sollte neben der Vermittlung wirtschaftlichen Grundlagenwissens und einer Einführung in wichtige unternehmensrelevante Fragestellungen wie Strategie, Finanzierung und Governance vor allem die spezifischen Besonderheiten bei der Führung von Familienunternehmen vermitteln. Diese Fragestellungen sollten nicht nur abstrakt, sondern auch mit Blick auf das eigene Unternehmen und die eigene Familie erörtert und durch praktische Erfahrung ergänzt werden. Praktika im eigenen Familienunternehmen gehören inzwischen zum Standard guter Family Education.

## Die Heranführung der nächsten Generation

Die planmäßige Heranführung der nachfolgenden Generation zählt zu den wichtigsten Aufgaben der Family Governance. Denn nur wenn es gelingt, den Staffelstab an die Nachfolger weiterzugeben, bleibt der dynastische Traum lebendig. Ein Familienunternehmen ohne Nachfolger hört auf, ein Familienunternehmen zu sein.

Die Heranführung der Nachfolger hat zwei Komponenten, die häufig nicht sauber voneinander geschieden werden. Zum einen geht es um die Nachfolge in die Inhaberrolle, und es kann gar nicht früh genug damit begonnen werden, die jungen Erwachsenen der nachrückenden Generation auf den professionellen Umgang mit ihrer künftigen Rolle als Inhaber eines Familienunternehmens vorzubereiten. Die Inhalte werden im Wesentlichen die gleichen sein wie bei den Education-Programmen für diejenigen, die bereits Gesellschafter sind, und auch die Art der Durchführung wird sich nicht wesentlich unterscheiden. Je nach Personenkreis können die Programme auch zusammengelegt werden.

Zum anderen, und das ist vielleicht der noch wichtigere Teil, geht es darum, aus dem Kreis der Nachfolger eine ausreichende Zahl für die Übernahme von Organfunktionen in Geschäftsführung und/oder Kontrollorgan zu gewinnen. Denn ich habe es schon mehrfach betont: Wenn die Inhaberfamilie den Willen oder die Fähigkeit verliert, ihr Unternehmen selbst zu führen oder über das Kontrollorgan seine Richtung zu bestimmen, dann muss sie aktiv über die Fortführung ihres bisherigen unternehmerischen Engagements nachdenken.

Deshalb ist es unverzichtbar, den Gesellschafternachwuchs auch für diese Aufgaben zu begeistern und ihn mit ihren Inhalten und Anforderungen vertraut zu machen. Praktische Erfahrungen und ein begleitendes Mentoring sollten wichtige Bausteine eines solchen Qualifizierungsprogrammes sein. Auch wenn die jungen Leute ihre Befähigungsnachweise extern erwerben müssen: Der Wunsch, dass auch in der nächsten Generation eine ausreichende Zahl von Familienmitgliedern bereit und befähigt ist, unternehmerische Verantwortung im eigenen Unternehmen zu übernehmen, sollte hinreichend deutlich kommuniziert werden. Der große Druck, der in früheren Generationen auf Nachfolger ausgeübt wurde, ist heute zwar kein taugliches Konzept mehr. Aber ebenso falsch wäre es, nun so zu tun, als gäbe es das Unternehmen und eine mit ihm verbundene Führungs- und/oder Steuerungsaufgabe nicht. Eine gute Family Governance findet den geeigneten Mittelweg zwischen diesen beiden Extrempositionen.

## Die Einbindung der Partner

Im Rahmen der Family Governance sollte auch die Frage angesprochen werden, in welchem Umfang die Partner in die Aktivitäten der Inhaberfamilie eingebunden werden. Gibt es Aufnahme- oder Begrüßungsrituale? Eine Einweisung in die Besonderheiten der Unternehmerfamilie, in die der Partner aufgenommen wird? Eine Aufklärung über ihren Auftrag, ihre Ziele, ihre Werte und die wichtigsten Verhaltensregeln? Welche Rechte und Pflichten die Partner haben, was von ihnen erwartet wird und bei welchen Aktivitäten der Inhaberfamilie sie erwünscht sind und wo nicht?

Der Governance Kodex für Familienunternehmen fordert die Inhaber ausdrücklich dazu auf, die Frage anzusprechen, »wie mit Familienmitgliedern umgegangen wird, die nicht Inhaber sind und doch Verantwortung für den Fortbestand von Familie und Unternehmen tragen.«[12] Das ist eine sensible Fragestellung, die in vielen Familien, nicht selten auch zwischen den Generationen, kontrovers behandelt wird. Gerade deshalb sollte sie zum Arbeitsfeld einer Inhaberstrategie gehören.

## ROLLEN UND ROLLENINHABER

Zu guter Letzt gilt es dann, die gemeinsam definierten Rollen unter den Familienmitgliedern zu verteilen. Diese Aufgabe gilt üblicherweise als besonders sensibel und konfliktträchtig, da die unternehmerischen Schlüsselpositionen mit Macht, Prestige und Geld verbunden sind und es oft mehr Bewerber als Rollenangebote gibt. Diese Problematik wird durch den Inhaberstrategieprozess gleich doppelt entschärft.

Zum einen erweitert die Family Governance das Rollenangebot. Wenn wir Family Governance ernst nehmen, genügt es nicht, Aufgaben und Wunschszenarien zu beschreiben. Funktionieren wird das Ganze nur, wenn es gelingt, die geschaffenen Strukturen mit Menschen zu besetzen, die zu ihrer Ausführung willens und in der Lage sind. Wer ist für die Family Education und die Heranführung der Nachfolger verantwortlich? Wer organisiert die gemeinsamen Aktivitäten der Familie? Wer beteiligt sich an einem gemeinnützigen Engagement? Wer kümmert sich um das Familien-Büro? Und wer koordiniert, leitet und steuert all die verschiedenen Aktivitäten? Wer berät und überwacht die Tätigkeit des Familienmanagers? Family Governance schafft neue Aufgaben und neue Rollen und gibt so einer größeren Zahl von Familienmitgliedern die Möglichkeit, sich aktiv am gemeinsamen Projekt zu beteiligen. Dies erhöht die Identifikation und den emotionalen Wert der Beteiligung und senkt das Konfliktpotenzial bei der Positionsverteilung.

Zum anderen werden durch die Inhaberstrategie die Inhalte und Anforderungsprofile für die Rollen deutlich beschrieben und damit den Erfordernissen von Fair Process im größtmöglichen Umfang Rechnung getragen. Das verringert nicht nur die Gefahr von Bewerbungen offensichtlich ungeeigneter Kandidaten, sondern auch das Risiko, dass abgelehnte oder unterlegene Kandidaten die Entscheidung als willkürlich missverstehen könnten.

Gewählt werden muss trotzdem noch. Und erst wenn alle Positionen qualifiziert besetzt sind, ist die Inhaberstrategie abgeschlossen.

| Inhaberstrategie der Familie ... | | |
|---|---|---|
| **Strukturen und Regeln für das Unternehmen**<br>▸ Geeignete Unternehmensstrukturen schaffen<br>▸ Art der familiären Einflussnahme auf das Unternehmen festlegen<br>▸ Ein funktionierendes Governance-System schaffen<br>▸ Rechte und Pflichten der einzelnen Inhaber festlegen | **Strukturen und Regeln für die Familie**<br>▸ Spielregeln für den Umgang miteinander<br>▸ Spielregeln für das Auftreten nach außen<br>▸ Spielregeln für den Umgang mit Konflikten<br>▸ Gemeinsame Aktivitäten<br>▸ Gesellschafterkompetenz sicherstellen<br>▸ Die Heranführung der nächsten Generation<br>▸ Die Einbindung der Partner | **Rollen und Rolleninhaber**<br>▸ Welche Rollen gibt es?<br>▸ Wer nimmt welche Rollen wahr? |
| **Mitgliedschaft**<br>▸ Wie viele Inhaber verträgt das Unternehmen?<br>▸ Wer darf Inhaber sein und werden?<br>▸ Wer gehört sonst noch zur Inhaberfamilie?<br>▸ Familien- oder Stammeslogik? | **Selbstverständnis**<br>▸ Eine gemeinsame Vision und Mission<br>▸ Ziele und Werte für die familiäre Inhaberschaft<br>▸ Ziele und Werte für das Familienunternehmen<br>▸ Ziele und Werte für die Unternehmerfamilie | **Inhaberstrategische Ausrichtung**<br>▸ Inhaberstrategische Grundausrichtung<br>▸ Die Grundsätze der Geschäftspolitik bestimmen |
| Umsetzungsmaßnahmen | | |

Das Inhaberstrategie-Haus und seine wesentlichen Inhalte

# TEIL 4

## HINWEISE ZUR ERARBEITUNG UND UMSETZUNG DER INHABERSTRATEGIE

# HINWEISE FÜR
# DEN STRATEGIEPROZESS

Der Prozess der Erarbeitung der Inhaberstrategie weist einige
Besonderheiten auf. Deshalb möchte ich hierzu abschließend
ein paar praktische Hinweise geben. Sie beruhen auf meiner
langjährigen Erfahrung mit inhaberstrategischer Arbeit. In dieser Zeit habe ich viele Erkenntnisse gewonnen, deren Substrat
ich nachfolgend mit Ihnen teilen möchte.

1. **Die Erarbeitung einer Inhaberstrategie erfolgt in einem
   gemeinsamen Prozess.** Gute Inhaberstrategien werden weder von Patriarchen vorgegeben noch von externen Bera-
   tern erarbeitet. Dieses Grundverständnis ist relativ neu. Im
   bürgerlich-patriarchalischen Zeitalter gab es keine gemeinsamen Inhaberstrategien. Was geregelt werden musste, stand
   im Gesellschaftsvertrag, der Rest unterlag als meist unge-
   schriebenes Gesetz patriarchalischer Rechtsetzungs- und
   Rechtsprechungswillkür. Ziele, Werte und strategische Ausrichtung wurden von ihm vorgegeben, Dividenden von ihm
   festgelegt und Ämter von ihm vergeben. Das hat sich grund-
   legend geändert. Das bürgerlich-patriarchalische Zeitalter
   ist untergegangen und mit ihm die patriarchalische Autorität. Wer heute Kontinuität im familiären Unternehmen her-
   stellen will, muss Begeisterung für das gemeinsame Projekt
   erzeugen. Er muss mit den anderen auf Augenhöhe ver-
   kehren, sie einbeziehen, den Sinn der gemeinschaftlichen
   Unternehmung vermitteln und so Selbstverpflichtung und

Zusammenhalt erzeugen. Das kann keine noch so gute Vorgabe leisten, sondern nur ein gemeinsamer Prozess. Dieser ist, so formuliert es der Governance Kodex für Familienunternehmen zutreffend, deshalb »mindestens so bedeutsam wie das Ergebnis«[13].

2. **Teilnehmerkreis festlegen.** Wer an dem Prozess teilnimmt, muss vor Prozessbeginn gemeinsam festgelegt werden und hängt von der Größe der Familie, vom Alter und der Erkenntnisfähigkeit der Teilnehmer sowie von der individuellen Familienkultur ab. Dabei gilt, dass die Kraft der Selbstverpflichtung umso größer ist, je mehr Familienmitglieder eingebunden werden und je weiter die Teilhabe am Prozess reicht. Uneingeschränkt funktioniert das jedoch nur in Familien mit einer überschaubaren Anzahl von Inhabern. Jenseits von acht oder maximal zwölf Teilnehmern wird der Prozess zäh und aufwändig. In diesen Fällen empfiehlt es sich meist, zunächst eine Arbeitsgruppe zu bilden und deren Vorschläge anschließend mit der Gesamtfamilie zu diskutieren.

Wenig sinnvoll ist es, »Dissidenten« und »Abweichler« vom Prozess ausschließen zu wollen. Wer sie gewinnen will, darf sie nicht ausgrenzen. Er muss sie ernst nehmen und ihnen die Chance geben, ihre Position zu Gehör zu bringen und für sie zu werben. Im inkludierenden Umgang mit Kritikern liegt eine große Chance. Nicht selten ist ihre Kritik zumindest in Teilen berechtigt und kann im Rahmen eines Inhaberstrategieprozesses von der Mehrheit übernommen werden. Und sollte sie sich in der Diskussion als unberechtigt oder nicht mehrheitsfähig erweisen, kann der Kritiker ohne Gesichtsverlust die Spielregeln demokratischer Mehrheitsfindung akzeptieren. So werden langjährige Konflikte, chronische Außenseiterpositionen und Austritte aus dem Inhaberkreis vermieden. Und genau so sieht lebendiges Familienunternehmertum heutzutage aus.

Umstritten ist häufig die Frage, ob und in welchem Umfang die Partner der Inhaber am Prozess teilhaben sollen. Ihre Beantwortung hängt von der grundsätzlichen Haltung der Familie zu den Partnern ab. Familien, die sie als willkommene Bereicherung sehen und ihnen weitgehende Rechte einräumen wollen, werden eher geneigt sein, sie aktiv an der Gestaltung der Inhaberstrategie zu beteiligen als Familien mit einer prinzipiell skeptischen Einstellung gegenüber Partnern im Familienunternehmen. Aber wie die Entscheidung über eine Einbeziehung der Partner in den Erstellungsprozess auch ausgeht: Sie sollte sich in der Regel auf eine konsultative Mitwirkung beschränken. Die Inhaberstrategie ist die Strategie der Inhaber und sollte deshalb auch von ihnen entschieden und verantwortet werden.

Gleiches gilt für eine mögliche Einbeziehung der nächsten Generation. Sie ist für die Zukunft des Familienunternehmens wichtig und es ist durchaus von Belang zu erfahren, wie diese Generation über die Zukunft des Familienunternehmens denkt. Aber die maßgeblichen inhaberstrategischen Entscheidungen sollten von denjenigen getroffen werden, die als Inhaber aktuell die Verantwortung für die Auswirkungen dieser Entscheidungen tragen.

3. **Regeln für die Entscheidungsfindung festlegen.** Ebenso sollte frühzeitig festgelegt werden, nach welchen Regeln die notwendigen Entscheidungen getroffen werden, insbesondere welche Mehrheiten erforderlich sind und welches Stim-

mengewicht den einzelnen Teilnehmern bei der Entscheidung zusteht. Aufgrund des verfassungsähnlichen Charakters der Inhaberstrategie sollten Entscheidungen grundsätzlich mit qualifizierter Mehrheit getroffen werden. Und das Stimmengewicht sollte zumindest in allen das Unternehmen betreffenden Fragen mit der Höhe der Beteiligung korrelieren. In Fragen der Family Governance kann auch ein abweichendes Stimmrecht, zum Beispiel nach Köpfen, vereinbart werden. In diesem Bereich ist sogar ein Stimmrecht für teilnehmende Partner oder Mitglieder der nächsten Generation denkbar.

4. **Spielregeln vereinbaren.** Vor Beginn des Prozesses sollten Regeln für den Umgang miteinander und mit den Sachthemen vereinbart werden, die während des gesamten Prozesses gelten. Die Vereinbarung solcher Regeln erzeugt im Vorfeld die notwendige Achtsamkeit für den Prozess und schafft eine wirksame Selbstverpflichtung, deren Einhaltung im Falle ihrer Verletzung ohne weiteres Aufsehen eingefordert werden kann.

5. **»Gute Vorbereitung ist die halbe Miete«.** Dauer und Zielgerichtetheit des Prozesses sind wichtige Erfolgsfaktoren. Jeder Inhaberstrategieprozess hat sein Momentum. Dauert er zu lange oder haben die Teilnehmer das Gefühl, dass die notwendigen Diskussionen nicht ausreichend zielgerichtet geführt werden, wird die im Prozess liegende Chance verspielt, mitunter sogar in ihr Gegenteil verkehrt. Vor allem das unvorbereitete Hineinstolpern in kritische Themen muss unbedingt vermieden werden. Denn der Prozess soll ja nicht bestehende Spaltungen vertiefen, sondern überwinden helfen. Deshalb ist eine gute Prozessvorbereitung wichtig. Je

besser die vorgeschaltete Analyse, desto zielgerichteter kann die anschließende Erarbeitung der Inhaberstrategie erfolgen.

6. **»Erledige das Schwierige, solange es noch einfach ist«.** Gemeinsam erarbeitete Inhaberstrategien sind auch ein wirksames Instrument der Konfliktprävention. Sie wollen und können dazu beitragen, Konflikte erst gar nicht entstehen zu lassen. Das wird umso leichter gelingen, je stärker das konfliktträchtige Thema noch abstrakt ist und nicht schon konkret auf dem Tisch liegt. Um es an zwei Beispielen deutlich zu machen: Über die Sinnhaftigkeit einer Altersgrenze für Geschäftsführer lässt sich leichter mit einem 50-jährigen als mit einem 70-jährigen Geschäftsführer diskutieren. Und die Frage, ob Mitarbeit im Unternehmen zulässig sein soll, bespricht sich leichter zu einem Zeitpunkt, in dem kein Mitglied in der Firma arbeitet. Vernunft bei Selbstbetroffenheit ist eine hohe Kunst. Daher sollten wir den Prozess zur Erarbeitung einer Inhaberstrategie zu einem Zeitpunkt beginnen, in dem (noch) möglichst wenig Selbstbetroffenheit vorliegt.

7. **Arbeiten im Workshop-Modus.** Die überwiegende Arbeit zur Entwicklung einer Inhaberstrategie erfolgt in moderierten Workshops. Die Anwendung der vielfältigen Moderationstechniken ermöglicht eine wirkliche »Gruppenarbeit«. Sie nivelliert Dominanz und Redundanz und stellt sicher, dass auch wirklich alle beitragen können, gehört werden und ihre Meinungen einbringen können. Effiziente Moderation ermöglicht es, in vielen Fragen rasch zu gemeinsamen Lösungen zu kommen. Und sie macht Fragen, für deren Beantwortung eine in der Gruppe nicht vorhandene Sachkompetenz hinzugezogen werden muss, ebenso sichtbar

wie solche Fragen, die aufgrund ihrer Konfliktträchtigkeit nicht moderationsfähig sind, sondern mithilfe mediationsähnlicher Techniken behandelt werden müssen.

8. **»Fische auf den Tisch«.** Bei der Erarbeitung gemeinsamer Ergebnisse sollte es möglichst keine Tabuthemen geben. Was ungesagt bleibt, bleibt auch ungelöst. Und holt uns irgendwann später wieder ein. Inhaberstrategien, die auf Tabus beruhen, haben keinen hohen Wert und eine kurze Lebensdauer. Es ist deshalb wichtig, ein Klima zu schaffen, in dem auch sensible Themen angesprochen und gemeinsam gelöst werden können.

9. **Aufrichtiger Dialog.** Um gemeinsam Lösungen entwickeln zu können, muss man miteinander reden. Sprechen und einander zuhören. Je achtsamer und aufmerksamer, desto besser. Und dabei nicht in Positionen, sondern in Interessen denken. Also nicht nur fragen: Was will ich? Und was will der andere? Sondern: Was ist mir wichtig und was dem anderen? Und dann gemeinsam nach Optionen suchen, die möglichst viele der wichtigsten Interessen berücksichtigen. Auf diese Weise entstehen Win-Win-Situationen und belastbare Vereinbarungen.

10. **Vom Abstrakten zum Konkreten fortschreiten.** Bei der Beantwortung der inhaltlichen Fragen empfiehlt es sich, der Logik des Inhaberstrategie-Hauses zu folgen. Die einzelnen Inhaltsschritte (»Zimmer«) bauen aufeinander auf. Ziele und Werte werden vor Strategien, strategische Fragen vor Strukturfragen und Regeln und jene vor den personellen Entscheidungen behandelt. Wer gleich mit den – ihn vielleicht besonders interessierenden – Personalentscheidungen beginnen oder als Erstes die brennende Frage nach dem An-

forderungsprofil für Nachfolger beantwortet haben möchte, wird am Ende mehr Zeit benötigen, als bei einer strukturierten Vorgehensweise erforderlich gewesen wäre.

Natürlich erfordert es Disziplin und Geduld, zunächst abstrakte Fragestellungen wie Ziele und Werte zu klären. Aber alle strategischen und strukturellen Entscheidungen und Regeln lassen sich auf diese abstrakten Vorgaben zurückführen und müssen mit ihnen im Einklang stehen. Wer vorne »Firma geht vor« sagt, muss bei der Vergabe von Führungspositionen Qualität vor Familienzugehörigkeit setzen und entsprechende Anforderungsprofile erarbeiten. Wer vorne »Erhalt der Unabhängigkeit« sagt, muss hinten Beschränkungen bei der Dividende und bei der Fungibilität in Kauf nehmen. Wer die inhaberstrategische Arbeit stattdessen gleich mit den konkreten Fragestellungen beginnen will, kommt nicht umhin, im Rahmen ihrer Beantwortung auch die Vorfrage nach den der Entscheidung zugrunde liegenden Zielen und Werten zu klären, und verliert dabei unnötig Zeit.

11. **Ausreichend Zeit nehmen.** Der durchschnittliche Inhaberstrategieprozess benötigt sechs bis zehn Workshop-Tage (reine Governance-Prozesse weniger) und einschließlich der Analysephase einen Zeitraum von sechs Monaten bis zu zwei Jahren. Das ist nicht wenig Zeit, die von der Mehrzahl der Beteiligten zusätzlich zu ihrer sonstigen Arbeit, nicht selten zulasten des Urlaubs, aufgebracht werden muss. Aber sie lohnt sich. Denn das Familienunternehmen hat für seine Inhaber einen hohen Wert. Es vermittelt finanzielle Sicherheit und Wohlstand, einen Beitrag zum Lebensunterhalt, Reputation, Identifikation und ein Stück Identität. Die In-

haberstrategie entscheidet darüber, welchen Kurs das Familienunternehmen und die Unternehmerfamilie zukünftig einschlagen. Ob sie erfolgreich sein, erstklassiges Personal gewinnen und weiterwachsen können, ob es Streit gibt oder Zusammenhalt, zufriedene oder unzufriedene Inhaber, Glück oder Unglück.

Mit einer guten Inhaberstrategie lässt sich der Lebenszyklus eines Familienunternehmens verlängern. Für mindestens eine weitere Generation. Dafür lohnt es sich, ein Stück Lebenszeit zu opfern.

12. **Externe Begleitung.** Unabhängig davon, wie viele Familienmitglieder teilnehmen, sollte der Prozess extern begleitet werden – und zwar von mindestens zwei Prozessbegleitern. Extern deshalb, weil Familienmitglieder, selbst wenn sie über die zur Leitung solcher Prozesse notwendige Kompetenz verfügen, in eigener Sache agieren und demzufolge befangen sind oder zumindest als befangen angesehen werden. Wer selbst Partei ist, hat natürliche Eigeninteressen, die eine für den Prozesserfolg unerlässliche Überparteilichkeit unmöglich machen und damit den Erfolg des Prozesses insgesamt gefährden.

Der Einsatz von mindestens zwei Prozessbegleitern hat den Vorteil, dass sie als Team einander beobachten, ergänzen und unterstützen können und trennscharf – auch im Wechsel – die beiden Rollen ausfüllen können, derer es für einen optimalen Prozessablauf bedarf: Während der eine als Moderator die Prozessführung übernimmt, kann der andere die von der Gruppe gefundenen Resultate aus Sicht des Experten kommentieren und im Bedarfsfall eine Überprüfung anregen.

Der Auftrag zur Prozessbegleitung muss von der Inhabergesamtheit erteilt werden. Inhaberstrategische Prozessbegleiter dürfen keine Parteivertreter sein, weder rechtlich noch tatsächlich, weder objektiv noch subjektiv empfunden. Deshalb müssen sie während des gesamten Prozesses streng auf einen gleichmäßigen Abstand zu allen Beteiligten achten. Denn ohne das Vertrauen aller können sie ihren anspruchsvollen Auftrag nicht zum Erfolg führen.

Gute Prozessbegleiter steuern nicht nur Prozess-, sondern auch Fachwissen bei – je mehr, desto besser. Mitunter reichen aber auch ihr ganzes Wissen und ihre Fähigkeiten nicht aus, um alle notwendigen Aspekte hinreichend zu beleuchten. Dies gilt vor allem bei schwierigen strategischen, rechtlichen oder steuerlichen Fragestellungen. In diesen Fällen können und sollten partiell entsprechende Fachleute hinzugezogen werden. Das können Berater, aber auch Mitglieder aus dem Management oder aus dem Kontrollorgan des Unternehmens sein. Ihr Rat ist wertvoll, sollte in der Regel aber außerhalb des eigentlichen inhaberstrategischen Prozesses erteilt werden, um die ohnehin vorhandene Komplexität nicht noch weiter zu steigern.

1. Die Erarbeitung einer Inhaberstrategie erfolgt in einem gemeinsamen Prozess
2. Teilnehmerkreis festlegen
3. Regeln für die Entscheidungsfindung festlegen
4. Spielregeln vereinbaren
5. »Gute Vorbereitung ist die halbe Miete«
6. »Erledige das Schwierige, solange es noch einfach ist«
7. Arbeiten im Workshop-Modus
8. »Fische auf den Tisch«
9. Aufrichtiger Dialog
10. Vom Abstrakten zum Konkreten fortschreiten
11. Ausreichend Zeit nehmen
12. Externe Begleitung

Die wichtigsten Prozessempfehlungen im Überblick

## »ES GIBT NICHTS GUTES, AUSSER MAN TUT ES«

Die Ergebnisse des Inhaberstrategieprozesses werden von den Prozessbegleitern am Ende in einem Abschlussdokument zusammengefasst und den Inhabern übergeben. Das Dokument enthält – der Logik des Inhaberstrategie-Hauses folgend – sämtliche getroffenen inhaberstrategischen Entscheidungen und einen Überblick über die notwendigen Umsetzungsmaßnahmen. Letzteres ist wichtig, denn ohne Umsetzung bleiben all die schönen Entscheidungen nur leere Absichtserklärungen und beschriebenes Papier ohne Wert.

»Es gibt nichts Gutes, außer man tut es«, wusste schon Erich Kästner. Und »10 Prozent ist Strategie, 90 Prozent ist Umsetzung«, ist ein aus dem Unternehmensbereich bekanntes Bonmot, das auf die Inhaberstrategie übertragen werden kann. Mit dem Abschluss des Inhaberstrategieprozesses ist die Arbeit also noch lange nicht zu Ende. In puncto Umsetzung beginnt sie gerade erst.

## Der Familien-Kodex

Die Erstellung eines Familien-Kodex (auch Familienverfassung oder Familienvertrag genannt) ist der letzte Schritt des Inhaberstrategieprozesses und zugleich der erste Schritt zu ihrer Umsetzung. Einen solchen Kodex sollte die Familie nach Möglichkeit nicht von ihren Prozessbegleitern erstellen lassen, sondern selbst erarbeiten. Das dient nicht nur der finalen Aneignung, es hilft auch, etwa noch vorhandene Schwachstellen und Ungenauigkeiten aufzudecken. Jeder, der regelmäßig Texte verfasst, kennt das Gefühl, wenn beim Schreiben plötzlich klar wird, dass das Gedachte eben doch noch nicht ganz zu Ende gedacht ist. Insofern ist die Verfassung des abschließenden Dokuments der späteste Zeitpunkt zur Revision und Ergänzung der getroffenen Vereinbarungen und zur Aneignung ihrer Inhalte durch die Familie.

Der Kodex beschränkt sich auf die grundsätzlichen Leitgedanken der Inhaberstrategie. Nicht alles, was im Inhaberstrategieprozess erarbeitet wurde, gehört auch in den Familien-Kodex. Manches, wie zum Beispiel die Anforderungsprofile für Gremienmitglieder oder Konzepte für die Family Education, sind in Umsetzungsmaßnahmen und Ausführungsbestimmungen besser aufgehoben. Denn der Kodex ist gewissermaßen die Verfassung der Familie. Wie jede Verfassung enthält er nur höchstrangiges »Recht«, das heißt die Grundprinzipien, nach denen die Gemeinschaft funktionieren soll. Details werden in Ausführungsbestimmungen geregelt.

Ungeachtet seines »Verfassungsrangs« sollte der Kodex kein Rechtsdokument sein. Rechtlich verbindliche Dokumente sollten von Juristen und in sauberer Rechtssprache abgefasst sein. Ihre Aufgabe ist es, eine juristisch exakte Entscheidungsgrundlage, insbesondere für Streitfälle, zu liefern. Deshalb ist ihre Sprache technisch, oft sperrig und wenig verbindend. Beim Kodex liegen die Dinge anders. Er will verbinden und moralisch binden. Deshalb sollte er die rechtlich verbindliche Ausformulierung der juristisch relevanten Sachverhalte nicht selbst vornehmen, sondern den erforderlichen Rechtsnormen überlassen. Um mögliche Zweifel zu beseitigen, sollte die Frage der Rechtsqualität des Kodex im Familien-Kodex ausdrücklich angesprochen werden.

Zu guter Letzt sollte der Kodex auch eine Regelung zu seiner Anpassung enthalten. Nichts bleibt wie es ist – weder die Familie noch das Unternehmen noch ihr jeweiliges Umfeld. Wer sich nicht rechtzeitig anpasst, scheidet aus dem unternehmerischen Wettbewerb aus. Vieles, was in den Inhaberstrategien und Familien-Kodices von heute steht, wäre vor 50 Jahren noch undenkbar gewesen. Und es ist sehr wahrscheinlich, dass vieles davon in 50 Jahren überholt sein wird. Deshalb müssen wir unsere Inhaberstrategie und unseren Familien-Kodex regelmäßig anpassen. Damit das nicht zu Streit führt, sollte die Familie im Familien-Kodex auch regeln, welches Verfahren, welche Entscheidungszuständigkeiten und welche Mehrheiten für eine spätere Anpassung ihres Kodex erforderlich sind.

## Sonstige Umsetzungsmaßnahmen

Der Kodex markiert nur den Beginn der notwendigen Umsetzungsmaßnahmen. Die von den Inhabern im Rahmen der Mitgliedschaft und der Unternehmens- und Governance-Strukturen getroffenen Entscheidungen können darüber hinaus eine Revision der bestehenden Gesellschaftsverträge und/oder Geschäftsordnungen oder auch der ehe- und erbrechtlichen Vereinbarungen erforderlich machen, mitunter sogar dazu führen, die bestehende rechtliche Struktur des Unternehmens und seine Rechtsform(en) zu überprüfen und anzupassen.

Die Entscheidungen der Inhaber zu ihren Zielen und Werten und zu den strategischen Vorgaben müssen kommuniziert werden und können in Einzelfällen auch zu einer Anpassung der bestehenden Unternehmensstrategie zwingen.

Die Vorgaben zur Unternehmens-Governance machen es notwendig, die Kompetenzzuordnung und die Zusammensetzung der Organe auf den Prüfstand zu stellen und – wo nötig – Anpassungen vorzunehmen. Anforderungsprofile müssen erstellt oder angepasst werden, Vergütungsregelungen überprüft und mitunter auch Personalentscheidungen getroffen werden.

Im Rahmen der Family Governance müssen die vereinbarten gemeinsamen Aktivitäten mit Leben gefüllt und Programme zur Gesellschafterqualifikation, zur Heranführung der Nachfolger und vielleicht auch zu einem veränderten Umgang mit den Partnern der Inhaber entwickelt und umgesetzt werden, Budgets aufgestellt und die erforderlichen Finanzmittel freigegeben werden.

Da kann es eine Menge zu tun geben. Wie gut, dass im Rahmen der Inhaberstrategie geklärt ist, wer für den jeweiligen Bereich zuständig ist und die Umsetzungsverantwortung trägt.

Für manch einen mag die hier vorgestellte professionelle Herangehensweise ungewohnt sein. Aber was könnte uns hindern, im Umgang mit der Inhaberschaft die gleiche Professionalität an den Tag zu legen wie im Unternehmen? Der Wettbewerb unter den Unternehmen wird immer schneller und immer härter. Mangelnde Professionalität kann sich niemand leisten – auf keiner Ebene. Die Inhaber sind eine wichtige Größe im Organisationsgefüge des Familienunternehmens. Nur wenn sie professionell handeln, leisten sie ihren Beitrag zur Zukunftssicherung. Die Inhaberstrategie ist ein wichtiger Schlüssel dazu.

# ANHANG

# Danksagung

Dieses Buch ist in wenigen Wochen geschrieben worden, aber über viele Jahre entstanden. Schritt für Schritt haben sich Erfahrungen und konzeptionelle Ansätze zu einer Strategie-Methodik verdichtet, deren Essenz ich nun vorlege.

Dies wäre ohne die Mithilfe anderer nicht möglich gewesen. Danken möchte ich zunächst allen meinen Mandanten und Unternehmerfreunden. In der Arbeit mit ihnen habe ich am meisten gelernt. Zu Dank verpflichtet bin ich auch Cuno Pümpin und John Ward, von denen ich wichtige Anstöße erhalten habe, sowie meinen Partnern und Kollegen in vielen Beratungsprojekten – allen voran meiner Partnerin Karin Ebel.

Ein besonderer Dank gebührt meiner Frau Karin. Sie hat die Entwicklung der Inhaberstrategie von Anfang an begleitet und wichtige Impulse geliefert. Mancher Gedanke, der in diesem Buch steht, stammt von ihr – vor allem wenn es um systemische und prozessuale Aspekte geht.

Danken möchte ich schließlich auch meinem Verleger und Freund Sven Murmann, meiner Sekretärin Roswitha Einöthen, die wie immer die Manuskripterstellung übernommen hat, und meinen Freunden Ernst und Anja Freiberger, die mir in diesem Sommer ihr wunderbares Gästehaus zur Verfügung gestellt haben, um das Manuskript zu vollenden.

Danken möchte ich auch Ihnen, liebe Leser, dass Sie dieses Buch zur Hand genommen haben. Ich hoffe, es enthält viele gute Anregungen für Sie. In diesem Sinne wünsche ich viel Spaß bei der Lektüre.

Bonn, im Herbst 2016
Peter May

# Anmerkungen

1 Vgl. Alfred Chandler: *The Managerial Revolution in American Business*. Cambridge 1977.

2 Klein, Sabine: *Familienunternehmen*. Lohmar, Köln 2010, S. 236.

3 Jürgen Kluge: »Die Haniels kriegen viele Babys. Das ist prima«. In: *Frankfurter Allgemeine Sonntagszeitung* 16/2010, S. 35.

4 Aus der Amtseinführungsrede des amerikanischen Präsidenten Barack Obama vom 20. Januar 2009.

5 Mohn, Reinhard: »Mit Delegation und Dezentralisierung zum unternehmerischen Erfolg«. In: *Frankfurter Allgemeine Zeitung* 145/2001, S. 27.

6 Christian Boehringer: »Solide Forschung hilft«. In: *Die Zeit* 15/2011, S. 33.

7 Vgl. Jürgen Heraeus: »Es sind nicht die Dividenden, es sind die Emotionen«. In: *LGT Journal der Vermögenskultur* 11/2009, S. 21–23.

8 Vgl. Kommission Governance Kodex für Familienunternehmen (2015): Governance Kodex für Familienunternehmen – Leitlinien für die verantwortungsvolle Führung von Familienunternehmen. Tz 1.1 (http://www.kodex-fuer-familienunternehmen.de/).

9 Vgl. Dietmar Lamparter: »Net für de schnelle Gewinn«. In: *Die Zeit* 10/2009, S. 22.

10 Vgl. Kommission Governance Kodex für Familienunternehmen (2015): a.a.O. Tz 5.2.3.

11 Vgl. ebd., Tz 5.2.4.

12 Vgl. ebd., Tz 7.1.3.

13 Vgl. ebd., Tz 8.2.

# Register

2-Hüte-Konzept 102
2-Kreis-Modell 50 – 53, 102
3-Dimensionen-Modell 29 – 31, 47 – 49
3-Kreis-Modell 53 – 55

Alleininhaber(schaft) 30 – 33, 37, 48, 49, 64, 101, 116
Anforderungsprofile 87, 90, 120, 131, 135, 137

Bestandsaufnahme 25
Betriebswirtschaftslehre/BWL 5, 15, 19, 20
Boehringer, Christian 73
»Business first« 51, 52

Chandler, Alfred 11
Corporate Governance 36, 88, 101

Dalai Lama 109
Davis, John 53, 54
Diversifikation 43 – 46, 80
Doud, Ernest 102

emotionaler (Mehr-)Wert 35, 38, 40, 42, 45, 64, 73, 74, 83, 101, 110 – 112, 114, 115, 120

Fair Process 62, 83, 90, 96, 98, 99, 105, 116, 121
Fairness 39, 62, 63, 68, 93, 101, 109
Familen-Kodex 135, 136
Familien-Büro 110, 114 – 116, 120
Familiendynastie 35, 36, 48, 78, 101
Familienlogik 67
Familienunternehmen
    – diversifiziert 30, 41, 43 – 48, 78, 81
    – familiengeführt 38 – 40, 47 – 49, 86, 88
    – familienkontrolliert 39, 40, 47 – 48, 88
    – Family Investment Office 30, 45 – 48, 81
    – fokussiert 42 – 45, 47, 48, 78 – 80
    – fremdgesteuert 40, 47, 48
    – inhabergeführt 30, 37, 38, 47, 48
    – jung 41, 42, 47, 48, 79
Family Business SWOT-Ananlyse 26 – 29
Family Education 117, 118, 120, 135
»Family first« 51, 52, 62, 69
Family Governance 36, 101, 111, 117, 119, 120, 128, 137

Finanzierung 16, 27, 82, 93, 118
Ford (Fam.) 9
Fugger (Fam.) 9, 10

Gemeinwohl 22, 60
Generationenfolge 44, 79
Generationenkontinuität 12, 61
Geschäftsführung 27 – 29, 34, 53, 85, 87 – 90, 95, 118, 129
Geschäftsidee 41, 42, 48
Geschäftspolitik 82, 83, 89, 121
Geschwistergesellschaft 32 – 34, 36, 48, 49, 64, 67, 78, 101, 116
Gesellschafterkompetenz 116, 117, 121
Gleichbehandlung 32, 34, 39, 50 – 52, 62, 63, 78, 96, 97, 99, 116
Gleichwertigkeit 51, 52, 102
Governance 19, 32, 39, 40, 81, 91, 92, 100, 117, 132, 137
Governance Kodex für Familienunternehmen 74, 93, 94, 119, 126
Governance-Struktur 31, 35, 36, 47, 48, 89, 137
Governance-System 87, 88 – 91, 121

Handtmann, Arthur 75
Haniel (Fam.) 96
Happel, Otto 45, 46
Hausner, Lee 102
Henkel, Konrad 71
Heraeus, Jürgen 73
Hierarchie 51, 52, 84, 97, 102

Identität 16, 68, 69, 78, 82, 83, 131
Inhaberschaft
    – dominante 12 – 16, 18, 20, 31, 33, 36, 51, 60, 70, 71, 116
    – familiäre 13, 18, 30 – 33, 60, 69, 71 – 74, 121
    – generationenübergreifende 13, 14, 17, 18
Inhaberstrategie-Haus 56, 59, 79, 121, 130, 134
Inhaberstrategieprozess 25, 29, 55, 56, 59, 120, 125 – 135
Inhaberstruktur 13, 31, 47, 48
INTES Akademie für Familienunternehmen 92

Kamprad, Ingvar 75
Kapitalismus 9, 11, 74

*Kästner, Erich* 134
Klumpenrisiko 40, 48, 81
Kommunikation 102, 112, 113
Kompetenzverteilung 88, 90
Konflikte 16, 18, 28, 29, 32 – 34, 37, 39, 54, 55, 64, 67, 81, 83, 85 – 87, 91, 96 – 98, 105 – 110, 120, 121, 127, 129, 130
Kontrollorgan 27, 41, 86 – 90, 95, 118, 133
*Krupp (Fam.)* 9
Kultur 51, 53, 75 – 78, 82, 97, 104, 106, 126

Lebenszyklus 17, 18, 28, 41, 43, 48, 132
Leistungsdifferenzierung 51, 52, 62

Macht 16, 27, 32 – 34, 39, 40, 67, 77, 78, 86, 95, 120
Machtmissbrauch 16, 18, 27, 32, 33, 48, 81
Management 11, 15, 20, 32, 38, 43, 44, 48, 49, 54, 78, 81 – 83, 85, 86, 101, 111, 112, 133
Manager 16, 37, 39, 40, 48, 53, 54, 83, 86
*Medici (Fam.)* 9, 10
*Merz, Friedrich* 112
*Miele, Carl* 110
*Mohn, Reinhard* 70

Nachfolge 27, 29, 31, 32, 38, 48, 49, 77, 117 – 120, 131, 137

*Obama, Barack* 68
*Oetker (Fam.)* 43

Patriarchat 67, 70, 77, 92, 125
Pflichten 66, 68, 82 – 84, 91, 98 – 100, 119, 121
*Porsche (Fam.)* 9
Portfolio 43, 44, 48, 81
postpatriarchalisches Zeitalter 67, 69, 117
Prinzipal-Agenten-Konflikt 37, 40, 48, 86
Professional Ownership 39, 61, 62, 83, 85, 90, 92, 96, 98, 99, 105, 116
Professionalität 48, 55, 61, 102, 114, 116, 138

*Rau, Sabine* 37
Rechte 67, 68, 82, 91 – 99, 119, 121, 127

Rechtsform 84, 89, 137
Risikobegrenzung 45, 46, 80
*Roca (Fam.)* 111
*Rockefeller (Fam.)* 9
Rolleninhaber 59, 120, 121
Rollenkonflikte 53 – 55
*Rothschild (Fam.)* 9

*Schickedanz, Madelaine* 81
Schlüsselherausforderungen 48, 49
Selbstverständnis 18, 44, 59, 68 – 77, 99, 104, 121
Sicherheit 50 – 52
Stammeslogik 67, 121

*Tagiuri, Renato* 53, 54
*Tata (Fam.)* 9
»Themen-Landkarte« 55, 56

Unabhängigkeit 17, 28, 74, 82, 88, 131
Unternehmensführung 18, 27, 30, 38, 54, 82, 86
Unternehmensstruktur 31, 41, 47, 84, 121
Unternehmenstypen 13 – 15, 19, 20, 30, 42, 46
Unternehmergeist 17, 18, 28, 33, 48

Vermögensverwaltung 46, 80, 115
Vertrauenskapital 16, 18, 27, 85
Vetternkonsortium 33 – 35, 48, 64, 67, 101

Wachstum 16, 43, 64, 82, 93, 100
Wertekatalog 55, 73, 74
Wettbewerb 51, 52, 62, 69, 97, 136, 138
Wettbewerbsvorteile 17 – 19, 27, 75
*Wittgenstein, Karl* 76, 77
*Wittgenstein, Ludwig* 77
*Wittgenstein, Paul* 77

*Zinkann, Peter* 17